사이언스툰 과학자들 4

김재훈 지음

사이언스툰 과학자들 4

다윈부터 멘델까지

책을 시작하기에 앞서

현대 사회는 과학이라는 이름 아래 모든 것이 설명된다고 해도 과언이 아닙니다. "과학적이다" 또는 "과학적이지 않다"라는 말 한마디로 모든 것이 판단되거나 설명되곤 합니다. 사람들은 은하계 너머의 먼 우주는 고사하고, 태양계에 속한 비교적 가까운 행성조차 직접 볼 수 없습니다. 그래도 과학자들이 계산한 별들의 운동 법칙을 신뢰하고 허블망원경이 전송해 준 사진을 믿어 의심치 않습니다. 어떠한 논쟁에서도 과학적이고 실증적인 근거를 많이 제시하는 쪽이 결국 승자가 되는 걸 당연시합니다.

오늘날 과학은 중세 서구 세계의 인식을 지배했던 계시의 로고스와 비교해도 그 권위가 결코 뒤지지 않습니다. 과학적 이성이 19세기를 지나 20세기를 관통하면서 세계관과 인류의 영혼에까지 침투하는 가공할 위력을 발휘할 때, 후설 같은 몇몇 철학자들은 실증주의에 천착하는 사유의 위험을 경고하기도 했습니다. 그러나 이미 대세는 기울었습니다. 대중은 관념이니 선험이니 하는 철학보다 스마트한 과학을 선택했습니다. 과거, 생각하는 철학자들이 사유의 일부분으로 다루었던 자연철학이 학문의 옥좌를 차지한 것입니다.

현대 사회에서는 종교도 비과학적이라는 이유로 비판받기도 합니다. 종교보다 과학이 우선하는 시대죠. 하지만 종교가 과학보다 우선이던 시대가 있었습니다. 오로지 신의 말씀과 그 대리인 격인 성직자의 가르침을 신뢰하고,

과학을 비종교적이고 비합리적이라는 이유를 들어 비난하거나 조롱하던 시대가 아주 멀리 있었던 것은 아닙니다. 그 시간 속에서 많은 사상가는 철학자이자 과학자였고, 투사이기도 했습니다. 고대의 자연철학자들부터 20세기 과학자들에 이르는 일화를 소개하는《사이언스툰 과학자들》은, 어쩌면 세계의 원리와 현상을 이해하는 자신들의 방식을 알리기 위해 지난한 투쟁의 세월을 겪고 끝내 학문의 주역이 된 이들의 연대기일지도 모르겠습니다.

과학보다는 인문학에 더 친숙했던 사람이 과학 이야기를 그린다는 것이 쉬운 일은 아니었습니다. 하지만 나와는 전혀 상관없을 것 같던 과학을 역사와 인물로 접근하니 이야기로 풀어갈 수 있다는 자신감이 생겼습니다. 그래서 이 책이 탄생하게 되었습니다.

앞으로 여러분은《사이언스툰 과학자들》에서 오늘의 과학 세계를 만든 50명의 과학자를 시대 순으로 차근차근 만나게 될 것입니다. 4권은 18세기부터 19세기에 이르기까지 10명의 과학자가 등장합니다. 가장 오래도록 기독교의 권위에 붙잡혀 있었던 지질학이 새로운 전환기를 맞이했고, 다윈의 진화론과 멘델의 유전학은 생명의 오랜 기원과 내력을 탐구했습니다. 세상의 모든 물질을 구성하는 원리, 화학결합에 대한 원리도 속속 밝혀졌지요. 교과서에서 익히 만나왔지만 정작 자세히 알지는 못했던 과학자들이 주인공이 되어 자신의 이야기를 직접 들려줄 텐데요. 건조하기만 했던 여러 이론과 법칙이 나와 비슷하고도 다른 '인간'들의 삶 속에서 탄생하는 순간을 마주하다 보면, 과학이 전과 달리 좀 더 친근하게 느껴질 것입니다. 그럼 지금부터 2,500년 과학사를 추동해 온 위대하고도 인간적인 과학자들을 함께 만나러 가봅시다.

2023년 9월

김재훈

"우리는 중간 단계가 보이지 않는
큰 변화를 인정하는 데 항상 느리다."

— 찰스 다윈

아득한 지구의 과거와 인간 존재의 기원을
처음으로 떠올린 이들은 누구였을까요?
과학자들의 담대하고도 도발적인 주장은
우리가 이전까지 볼 수 없었던
새로운 지평을 열어주었습니다.

차례

01

천재의 실험, 이중슬릿

토머스 영

Thomas Young (1773~1829)

영국의 의사이자 물리학자이다. 파동 현상 중 간섭을 집중적으로 연구했는데, 이중슬릿 실험을 통해 빛의 간섭 원리를 발견했다. 이로써 뉴턴의 입자론에 균열을 내고 빛의 파동설을 뒷받침했다.

우리가 물체를 볼 수 있는 것은 빛이 있기 때문인데,

정작 그 빛이야말로 베일에 가려져 있었습니다.

빛이 입자인지 파동인지를 두고 갑론을박했던 시절,

영국의 한 천재 과학자가 아주 간단한 실험을 통해

파동설에 입각한 자신의 주장을 증명했습니다.

오늘날에도 뉴턴은 그 이름 자체가 곧 과학이듯이,

뉴턴 님께서 우주의 모든 운동과 법칙을 밝히셨어.
오죽하면 만유인력이겠어?
NEWTON

그의 지적 성과를 이어받은 18세기 유럽의 과학계는 더 말할 나위가 없었습니다.

뉴턴느님께서 이르시길….
뉴턴느님께서는 모든 걸 아시니….
뉴턴느님께서는 결코 틀릴 리 없으시니….

그런데 빛에 관련해서는 조금 사정이 달랐죠. 뉴턴은 빛을 직진하는 입자라고 보았습니다. 반면 파동이라고 주장한 과학자들도 있었습니다.

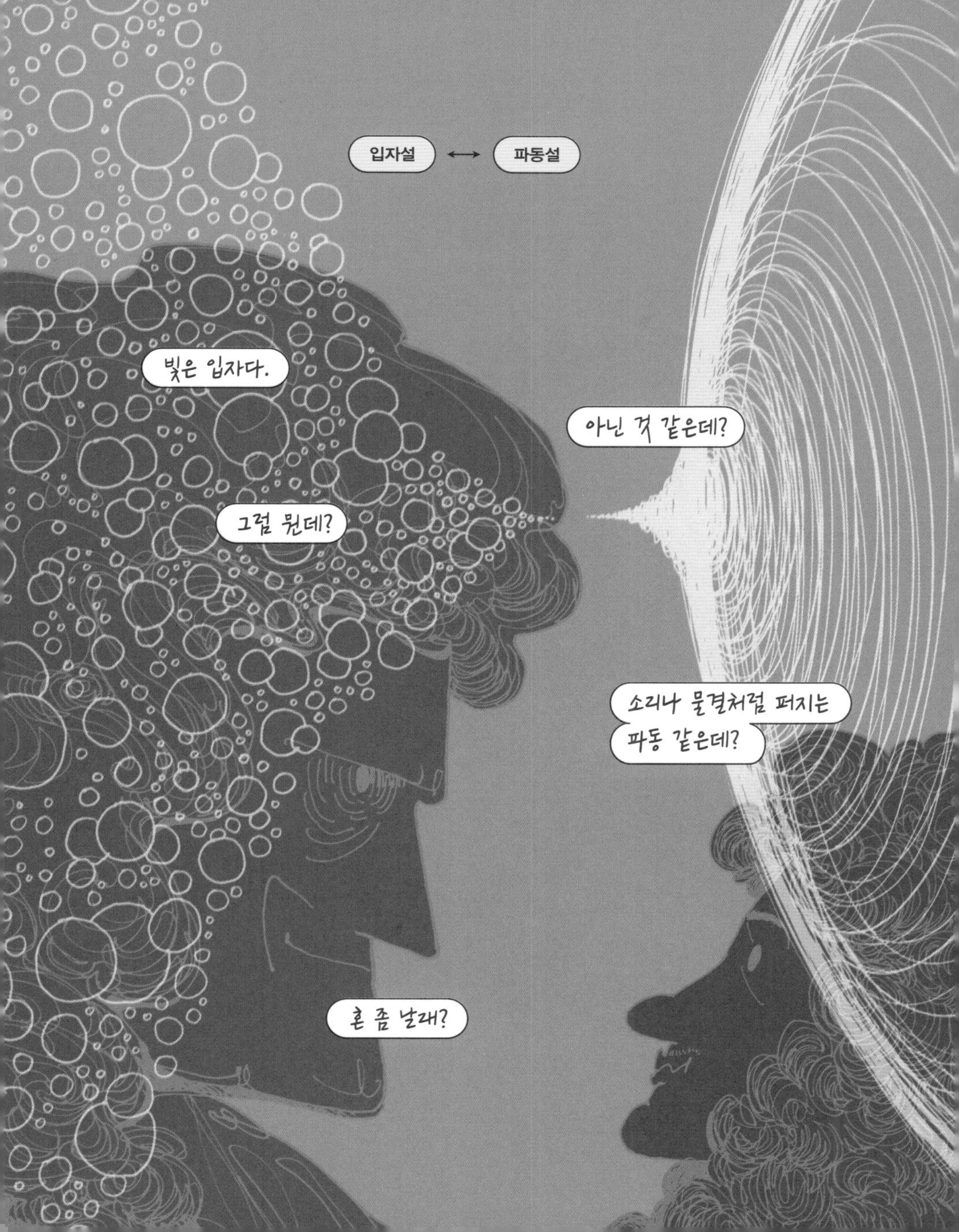

입자설 ⟷ 파동설
빛은 입자다.
아닌 거 같은데?
그럼 뭔데?
소리나 물결처럼 퍼지는 파동 같은데?
혼 좀 날래?

과학자들이 빛의 성질, 즉 반사, 굴절, 회절 등을 관찰하고 연구하는 가운데 의견이 둘로 나뉘었습니다.

자! 이렇게 반사되고, 이래서 굴절하는 거야.
그러면 입자로 회절도 증명해 보라고.
굳이 증명을 해야 되냐?
못하면 말을 말아야지.
뿌옇게 보이는 게 내 탓이냐?

파동설을 지지한 대표적인 학자로는 데카르트, 훅, 하위헌스 등이 있었습니다.

빛은 소리나 물결처럼 에테르 속을 퍼져나가는 파동이다.
믿기 힘드셔?
뉴턴 말은 다 믿으면서.

빛의 모든 성질에 부합하는 증거를 찾는 데 더욱 매달렸던 쪽은 파동설을 지지하는 이들이었습니다.

우린 더 열심히 해야 해.
회절도 증명해야 한다니까.
왜 그렇게 열심이신가?
뉴턴이 우리 편이 아니니까.

하지만 과학계에서도 의미 있는 주장이 때로는 권위 앞에서 소수 의견으로 치부될 때가 있죠. 과학계에서는 다수가 뉴턴의 입자설을 지지했습니다.

명백한 증거가 있소.
감히 여기가 어디라고 증거를 들고 들어와?
뉴터느님께서 입자라고 하셨어!
권위 앞에서는 증거도 소용 없네.

그들은 자신들이 해명하지 못하는 문제에 대해서는 무시하거나, 입증을 미루거나, 특이 현상으로 간주하며 외면했습니다.

뉴턴느님께서 풀지 못하신 것은 다 이유가 있었을 테니….
큰일 하시느라 사소한 문제에 골몰하지 않으셨을 거야.
그러니 우리도 애써 풀려고 하지 말자.
DIFFRACTIO
회절 현상

그런 분위기가 팽배했던 시절, 뉴턴이라는 거대하고 견고한 성을 향해 돌을 던져 파문을 일으킨 젊은 천재 과학자가 있었죠. 바로 토머스 영입니다.

NEWTON
SCIENCE
CASTLE
계세요? 던질 게 있는데요?

영은 어려서부터 신동 소리깨나 듣고 자랐습니다.

쟤가 두 살 때 글을 깨우치기 시작했대.
네 살에 10개 언어에 능통했다는구먼.
….
뉘 집 아들이여?
부잣집 아들이랴.

말수가 적고 그리 사교적이지 않았던 그는 많은 분야의 지식을
거의 독학으로 깨우쳤습니다.

너무 과묵하네.
10개 언어를 할 줄 알면 뭐해? 도통 말을 안 하는데.
나중에 이집트 상형문자라도 해독하려나 보지.

대학에서는 의학을 전공하면서 과학의 여러 분야뿐만 아니라 언어학, 수학 등도 공부했습니다.

자네 의대엔 왜 들어왔나?
말하기 싫어?
….
말 못하나?

수정체의 자율 변형에 관한 연구로 과학계에서 큰 주목을 받은 그는 1794년 스물한 살의 나이에 왕립학회 회원 자격도 얻었죠.

천재네! 회원이 된 소감을 말해보게.
…
확실히 천재네.
…

의학 박사가 된 후 1799년 할아버지의 유산으로 병원을 개업했지만,

의사 선생님, 제 몸 어디가 어떻게 안 좋아유?
….
말하기 싫어유?
….
어디 안 좋으세유?

의사로서의 실력을 발휘하기보다는 의학과 병행한 자연과학 연구에 더 열의를 보였습니다.

시방 진료를 받는 건지 관찰을 당하는 건지 헛갈리네유?
....
어쨌거나 말없이 열심히 허긴 허네유.
....

그러다가 눈으로 보는 것과 소리를 듣는 것의 공통점에 대해 생각하게 되었죠.

…
지금 빛도 소리처럼 파동일 거라고 생각하고 있죠?
…

영은 파동 현상 중 간섭(interference)을 집중적으로 연구했습니다.

파동이 교차하는 지점에서 언제나
간섭이 일어난다고 생각하는군요.
....

물결파로 이해해 볼까요?

퐁당
퐁당
위상이 같은 두 개의
구면파*를 일으켜 봅시다.

* **구면파**
어떤 점에서 모든 방향으로
둥글게 퍼져나가는 파동.

파동은 서로 만날 때 부딪쳐 튕기지 않고 교차하면서 계속 진행됩니다.

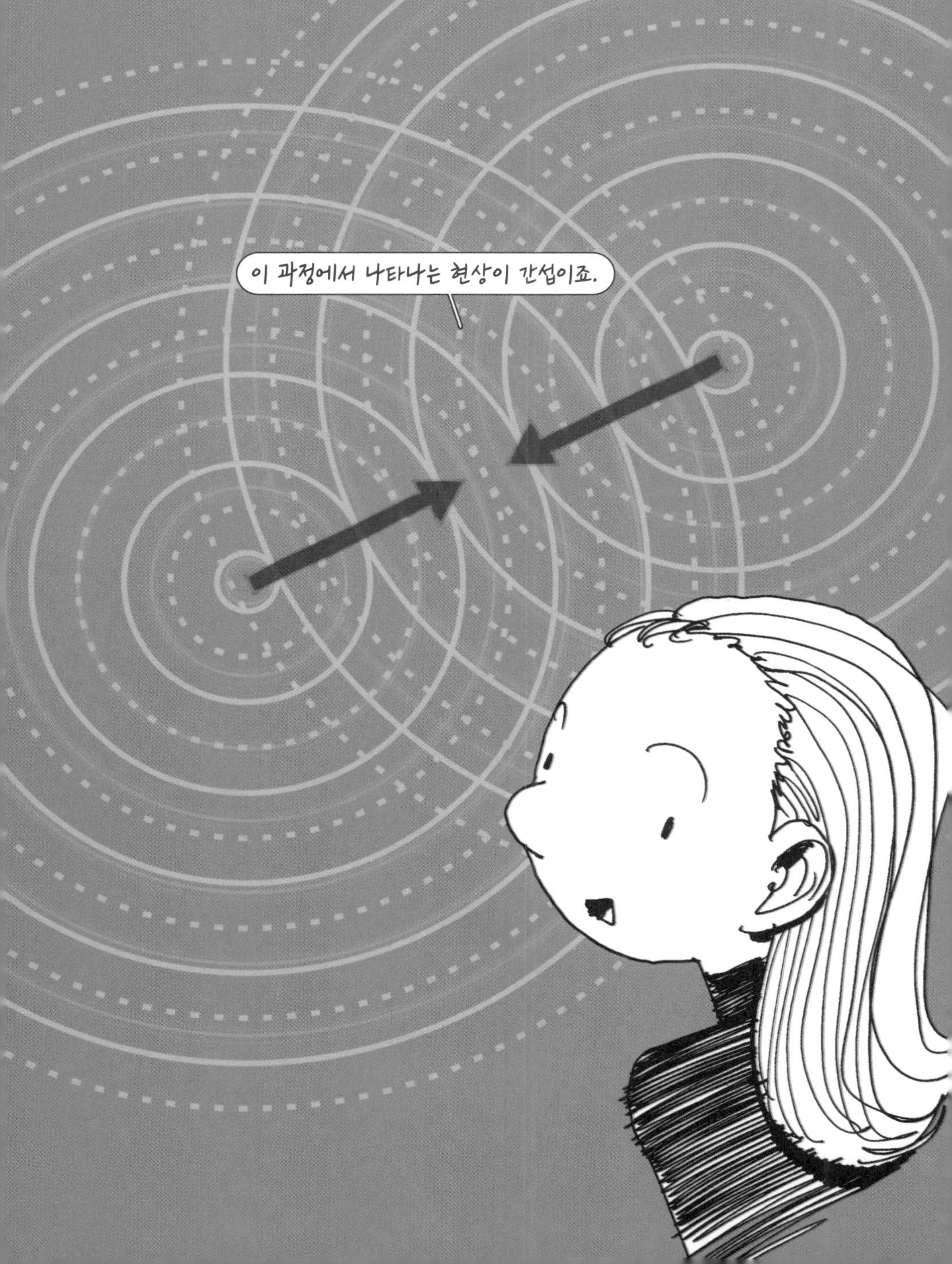
이 과정에서 나타나는 현상이 간섭이죠.

그런데 이때 만나는 두 파동은 위상에 따라 서로 보강되거나 상쇄됩니다.

마루
골
위상이 같으면 진폭이 두 배로.
위상이 다르면 진폭이 0으로.

영은 이런 간섭 현상이 빛에서도 나타난다는 걸 증명할 방법을 찾았습니다.
간섭이 나타난다면 빛이 소리나 물결처럼 파동이라는 명백한 증거가 될 테니.
아이디어가 떠올랐나 봐.

바로 이중슬릿 실험이었습니다.

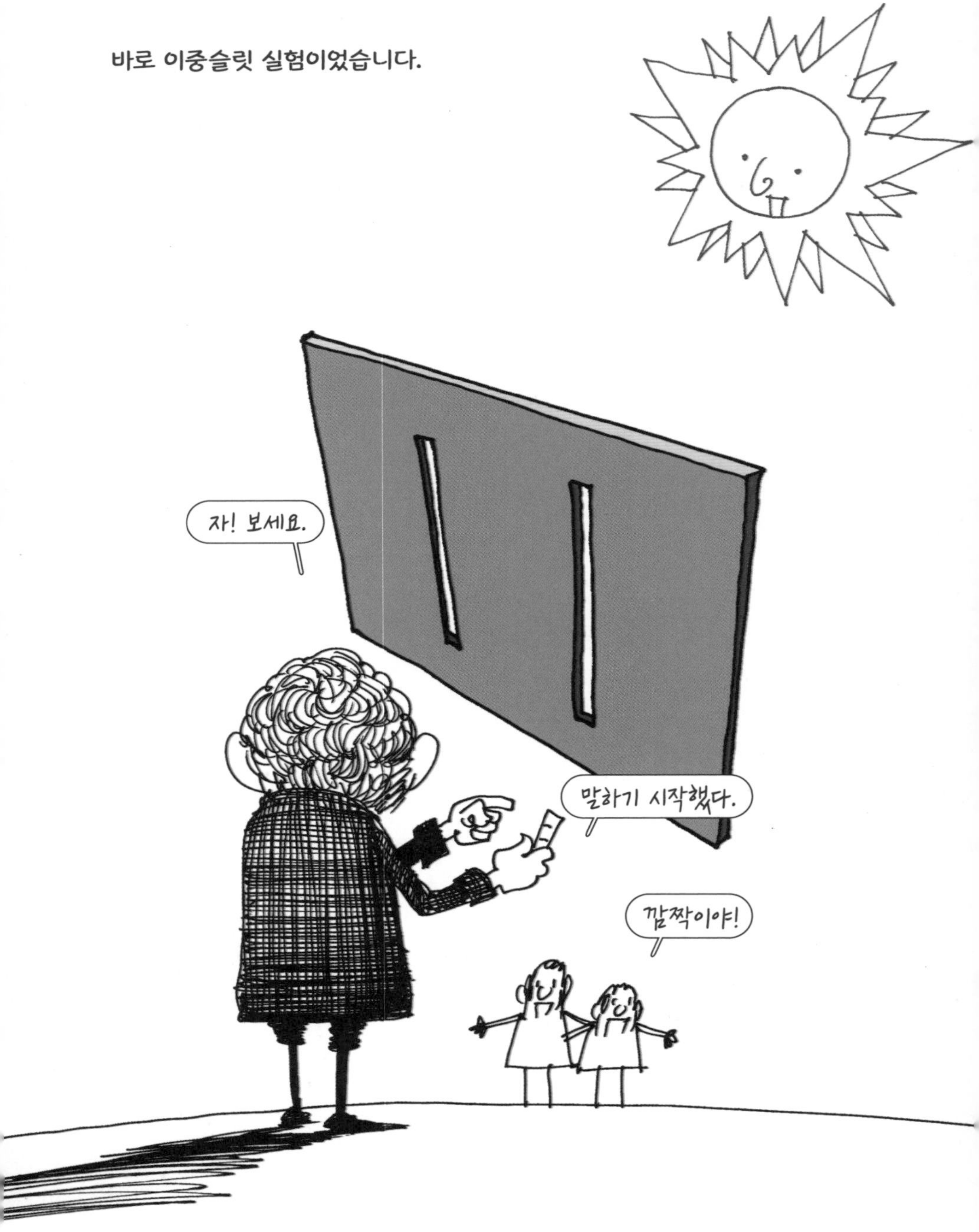

자! 보세요.
말하기 시작했다.
깜짝이야!

두 개의 가느다란 틈인 슬릿을 통과한 빛이 어떤 회절 무늬를 만들어내는지 관찰하는 실험이었습니다.

먼저 작은 구멍을 통과한 빛이 구면파를 띠겠죠?
슬릿 A
슬릿 B
그다음 슬릿 A와 B를 통과하면서 파동이 서로 겹쳐요.
그러면 맞은편에 어떤 상이 보일까요?

상자 맞은편에 생긴 상을 관찰했더니,
이제 물결파의 간섭에서 보았던 것과 비교해 보자고요.

놀랍게도 파동의 보강, 상쇄, 간섭 때와 같은 패턴의 회절 무늬가 생겼습니다.
밝았다가 차츰 어두워지고 다시 밝아지는 반복이 보이죠?

1804년 영은 이런 내용의 논문 〈물리광학에 관한 실험과 계산〉을 발표했습니다.

이 명료한 증거 앞에서 어찌 빛이 입자라고 계속 우길 수 있겠는가?
들떴다.

하지만 당시 과학계의 큰 지지를 얻지는 못했습니다.
뉴턴의 가르침에 의존하던 관성의 벽에 부딪힌 거죠.

계속 우길 거다.
원래 믿고 있던 대로 계속….
암, 그게 섭리지.
….
NEWTON

영은 소모적인 논쟁에 더 이상 매달리지 않고 다른 관심사를 연구하며 여생을 보냈습니다.

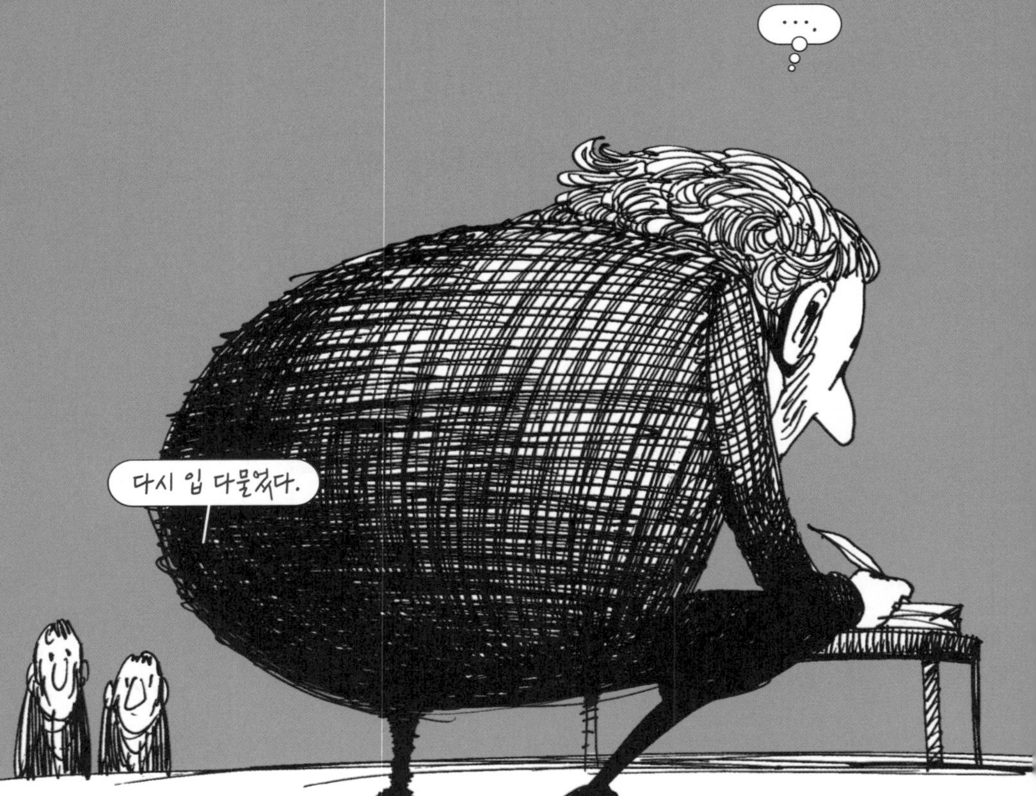

....
다시 입 다물었다.

오늘날 빛은 파동과 입자의 성질을 모두 가졌다는 사실이 밝혀졌지만 영의 이중슬릿 실험은 입자설에 맞서 빛에는 또 다른 성질이 있다는 사실을 밝힌 의미 있는 실험이었습니다.

정체가 뭐지?
강도다.
너 말고.

그리고 빛과 전자에 관한 연구가 양자물리학으로 나아가는 데 훌륭한 선례가 되었습니다.

02

땅의 비밀을 밝힌 사람들

찰스 라이엘

Charles Lyell (1797~1875)

영국의 지질학자. 각지를 여행하며 지질학 연구를 수행했다. 지질 현상을 통일적으로 설명하고 근대 지질학의 기초를 다졌다. 지질학의 아버지로 불린다.

지질학은 과학 분야 중에서 기독교의 권위에
오래도록 붙잡혀 있었습니다.
지구의 나이와 지층의 생성, 암석의 순환 등에 관한
근대적이고 과학적인 견해는 18세기 후반이 되어서야
자리 잡기 시작했습니다.
지질학의 역사에서는 찰스 라이엘의
저서 《지질학의 원리》가 출간된 1830년을
근대 지질학의 서막으로 여깁니다.

17세기 중반 유럽에서 출판된 성경 중에는 지구가 창조된 구체적인 시점을 떡하니 표기해 놓은 것도 있었습니다.

"창조일: 기원전 4004년 10월 23일"
원래 성경에 날짜가 나와 있어?
아니, 누가 계산했대.
누가?

1654년에 영국의 주교 제임스 어셔가 창세기 내용을 요목 조목 따져서 지구의 나이를 계산한 거였죠.

지구 나이는 6,000년,
창조 시기는 기원전 4004년이란다.
James Ussher
방사성 연대 측정은 해보셨어?
믿음만 있으면
그딴 거 필요 없단다.
믿는 사람이 들어도 좀 민망해할 텐데?

지동설이 발표된 지 100년도 넘었지만 지구와 지질 분야는 여전히 과학의 시선에서 멀리 떨어져 있었습니다.

천체, 역학, 기체 연구도 좋지만
땅에도 좀 관심 가져야 되지 않을까?
우리가 과학자지, 농부여?

1681년 영국의 성직자 토머스 버닛은 오래전 한순간에 지구의 모양이 망가진 것이라 주장했고,

아담과 이브가 살았던 지구는
이렇게 울퉁불퉁하지 않았지.
그럼?
처음 창조되었을 땐
완벽하게 동그랗고 매끈했지.
Thomas Burnet
어쩌다 구겨졌는데?
TELLURIS
Theoria Sacra
십일조 내는 사람한테만 가르쳐주지.

존 우드워드는 노아의 홍수가 실제 사건이었음을 보여주는 증거가 암석의 층이라는 의견을 내놓기도 했습니다.

John Woodward
암석의 층을 발견하고 추론했거든.
대홍수 후에 물이 빠지면서
무거운 순서대로 가라앉은 거야.
바다 생물로 보이는 동물 화석이
멀리서 발견되는 것도 그런 이유야.

그런 식으로 종교적 권위를 옹호하려 했던 경향은 지질학에 관한 격변설(catastrophism)과 수성론(neptunism)으로 이어졌습니다.

오래전 어느 시점 갑작스런 변화로 인해 지구의 형태가 달라졌다는 견해.
화산 폭발 같은 거?
우린 거대한 물의 작용이 지구 변화에 결정적 요인이었다고 믿어.
예를 들면?
노아의 홍수가 제일 유력하지.

18세기에는 성경과 무관한 접근 방식으로 지구의 나이를 추론한 주목할 만한 소수 의견도 나왔습니다.

솔직히 6,000년은 너무 짧지 않아?
지층은 대홍수 때문이라고 하는 것도 좀 억지스러워.

프랑스의 계몽주의자 조르주루이 르클레르 드 뷔퐁 백작은 지구의 나이가 최소 7만 4,832년이라고 주장했습니다.

옛날 옛날에 태양과 혜성이 충돌해서 행성들이 생겼단다.
오!
그래서 지구는 엄청 뜨거웠지.
George-Louis Leclerc de Buffon
오랜 시간에 걸쳐 식어서 지금 같은 온도가 되었어.
오오!
지구를 식혀봤어?
다른 걸 식혀봤지.

벌겋게 달군 쇠공이 식을 때까지 시간을 재고
크기 비율에 따라 계산을 한 거였죠.

이 쇠공이 지구 크기만 하다고 가정하면,
현재 온도에 이를 때까지 10만 696년 걸려.
7만 년이라면서?
사람들이 너무 놀랄까 봐 좀 깎았어.

수성론자들의 생각과 정반대로 불의 역할을 강조한,
니콜라 데마레의 화성론(plutonism)도 등장했습니다.

화산 폭발과 마그마가
광물 형성의 주요 원인이었다고.
Nicolas Desmarest

그리고 18세기 후반에 이르러 지질학은 서로의 견해가 상반되었던 제임스 허턴과 아브라함 고틀로프 베르너, 걸출한 두 인물이 등장하면서 명실상부한 실증과학의 모습을 갖추게 되었습니다.

James Hutton
Abraham Gottlob Werner
지구는 예전에도 지금도 계속 변화하는 중이여.
커다란 변화 이전과 이후의 지구 모습은 달라.

특히 허턴은 근대 지질학의 확립에 기여한 불세출의 위인이었습니다.

스코틀랜드 출신, 대학에서 법률과 의학, 화학을 전공했고 한때 농부였어.
그리고 지독하게 발로 뛴 현장 탐험가였어.

허턴은 당시 어느 누구보다 세속적인 관점으로 지구를 바라보았고,

성경에 얽매이지 않고,
어떤 추측도 하지 않고,
어떤 가설에도 기대지 말고.
베이컨주의자였구나.
이왕이면 뉴턴주의자라고 불러줘.

왕성하게 각지를 탐사하며 관찰한 그는 지층의 부정합을 발견했습니다.

이렇게 지질 구조가 불연속적인 형태를 띠는 건 지층 간에 여러 작용이 오랜 시간에 걸쳐 이루어졌다는 증거야.
바다 밑의 퇴적물이 압축되어 퇴적층을 형성, 뒤틀리고 융기하면서 변형,
풍화·침식 과정으로 암석이 녹아 마그마로, 또다시 퇴적과 융기.
돌고 돌겠네?

우리가 알고 있는 암석의 순환도 허턴의 발견과 연구 결과에 기초한 것입니다.

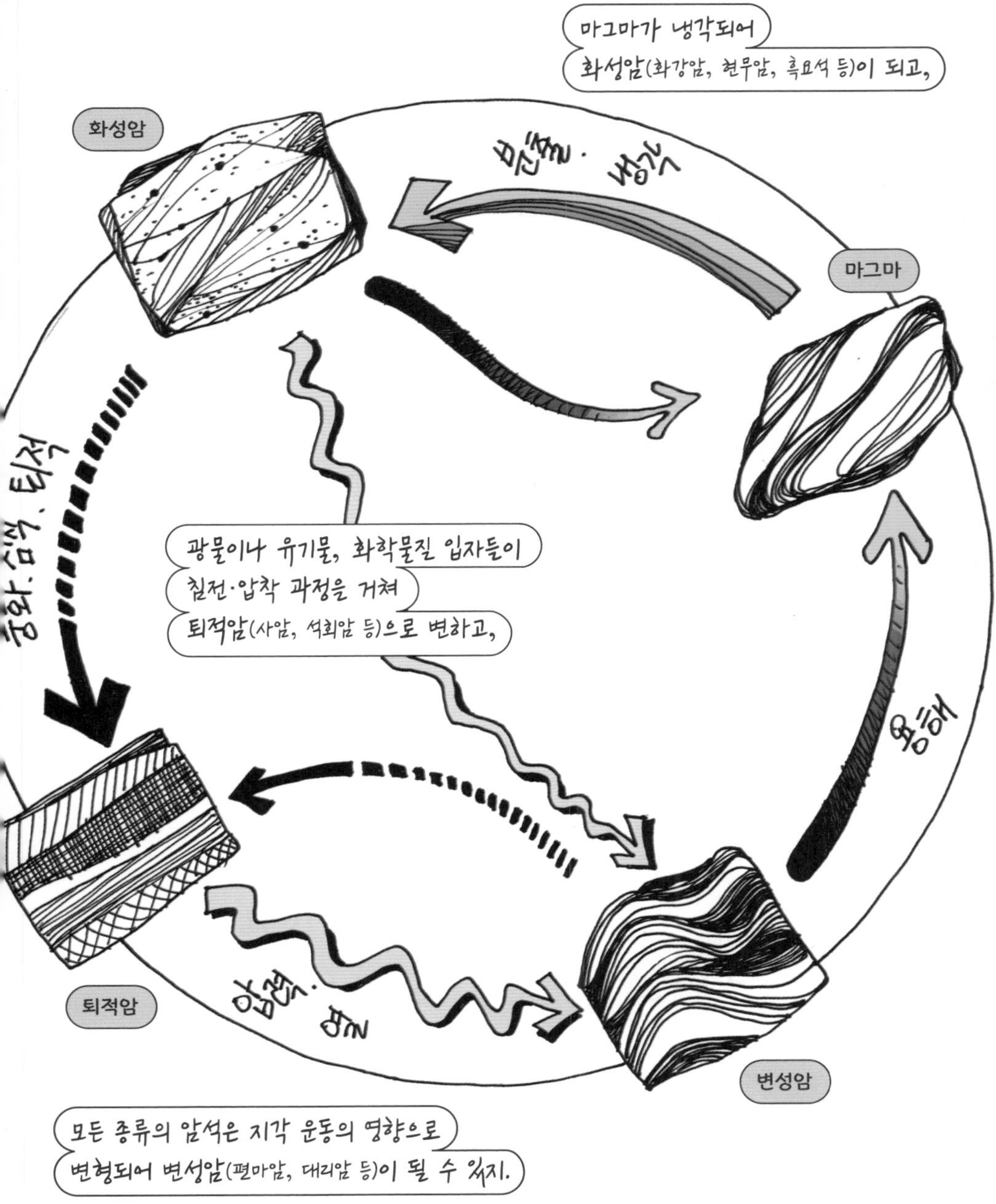
마그마가 냉각되어
화성암(화강암, 현무암, 흑요석 등)이 되고,
화성암
마그마
광물이나 유기물, 화학물질 입자들이
침전·압착 과정을 거쳐
퇴적암(사암, 석회암 등)으로 변하고,
퇴적암
변성암
모든 종류의 암석은 지각 운동의 영향으로
변형되어 변성암(편마암, 대리암 등)이 될 수 있지.

그 모든 지질학적 순환 과정이 지금도 계속 진행 중이라는 유명한 말을 남겼죠.

현재는 과거의 열쇠!
격변설과 상반된 그런 견해를
동일과정설(uniformitarianism)이라고 해요.
그 이름 내가 붙였는데?
찰스 라이엘

1795년 출간된 허턴의 《지구 이론》은 지질학을 비약적으로 발전시킨 명저이지만, 당시에는 제대로 대접받지 못했습니다.

제임스, 자네 책이 베스트셀러가 되지 못한 요인이 뭔지 아나?
John Playfair
Theory of the Earth
뭔데?
1. 읽기에 너무 어렵다.
2. 막상 읽어보면 너무너무 어렵다.
3. 읽고 난 다음에 드는 느낌도 어렵다.

지식 사회는 새로운 이론을 받아들이기보다 익숙한 격변설을 다듬는 쪽을 선호했습니다.

내가 격변설을 집대성하기에 딱 좋은 타이밍이었지.
왜?
더 늦으면 격변설로 큰소리 못 칠 테니까.
끝물이었단 소리?

베르너 역시 지층에 뒤섞여 분포된 다양한 암석과 화석을 주목했지만 허턴과는 관점에서부터 달랐습니다.

퇴적 순서에 상관없이 이렇게
뒤죽박죽 섞이려면 뭔가 큰 사건이 벌어졌어야 해.
오호!
해저의 갑작스런 융기, 갑작스런 퇴적,
갑작스런 물의 흐름 같은 사건 말이야.
예를 들면?
위력적인 홍수랄까?

이처럼 격변설이 주류 학설로 유행하던 시절, 1827년 어떤 법률가가 지질학에 뛰어들었습니다.

저는 그동안 건성으로 임했던 법률가를 오늘부로 관두겠습니다.
뭐 하려고?
지질학이요.
땅 파서 먹고살려고?
집이 부자예요.

찰스 라이엘은 격변설 지지자였던 윌리엄 버클랜드에게
지질학을 배웠지만 차츰 생각이 달라졌습니다.

갈수록 저는 허턴의 이론에 더 끌립니다.
지구 역사는 언제 시작했는지 알 수 없고 또 언제 끝날지 예측할 수도 없다고 하는 그 무신론 말이냐?
무신론은 아니고 저는 동일과정설이라 부르고 싶네요.
그게 그거지!
William Buckland

라이엘에겐 성경과 동일과정설을 절충하는 묘안이 있었습니다.

우주를 창조하신 것도 맞고, 동일과정설 같은 자연 법칙도 함께 창조하셨다. 어때요?
영리하네.

동일과정설에 따르면 현재를 통해 아득한 과거로부터의 지구 변화의 모습을 떠올릴 수 있습니다.

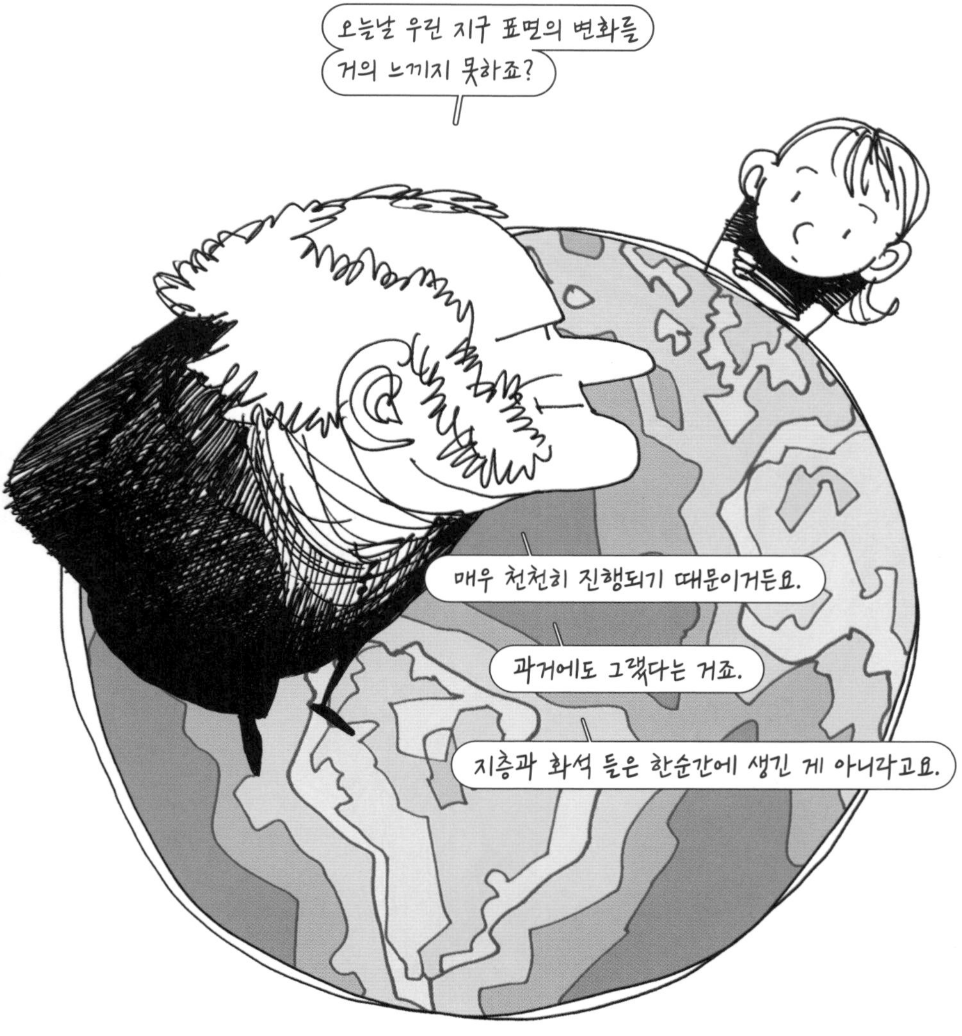
오늘날 우린 지구 표면의 변화를
거의 느끼지 못하죠?
매우 천천히 진행되기 때문이거든요.
과거에도 그랬다는 거죠.
지층과 화석 들은 한순간에 생긴 게 아니라고요.

라이엘은 19세기의 지질학자로서 보여줄 수 있는 최선의 연구 결과를 《지질학의 원리》에 담았습니다.

정성을 다해서 1830년부터 1833년까지 세 권 연속으로 발간했죠.
다 쓰고 난 다음 이런 생각이 들더라고요.
PRINCIPLES OF GEOLOGY
무슨 생각?
어쩌면 나는 근대 지질학의 아버지가 되는 거 아닐까 하는 생각.

제1권은 지구 표면과 암석의 순환에 관해,

뻥
융기와 화산 폭발에서 풍화와 침식, 퇴적, 암석화를 거쳐 다시 융기를 되풀이하는 과정.
허턴의 이론을 거의 따랐죠.

제2권은 생명체의 점진적 변화에 대해,

오랜 변화를 거치는 동안 지구에 살았던
종들이 어떻게 변했을까 추측했고요.
진화론 냄새가 좀 나죠?
응.

제3권은 퇴적층 아래 놓인 지층을 분류하는 체계에 관해 다루고 있죠.

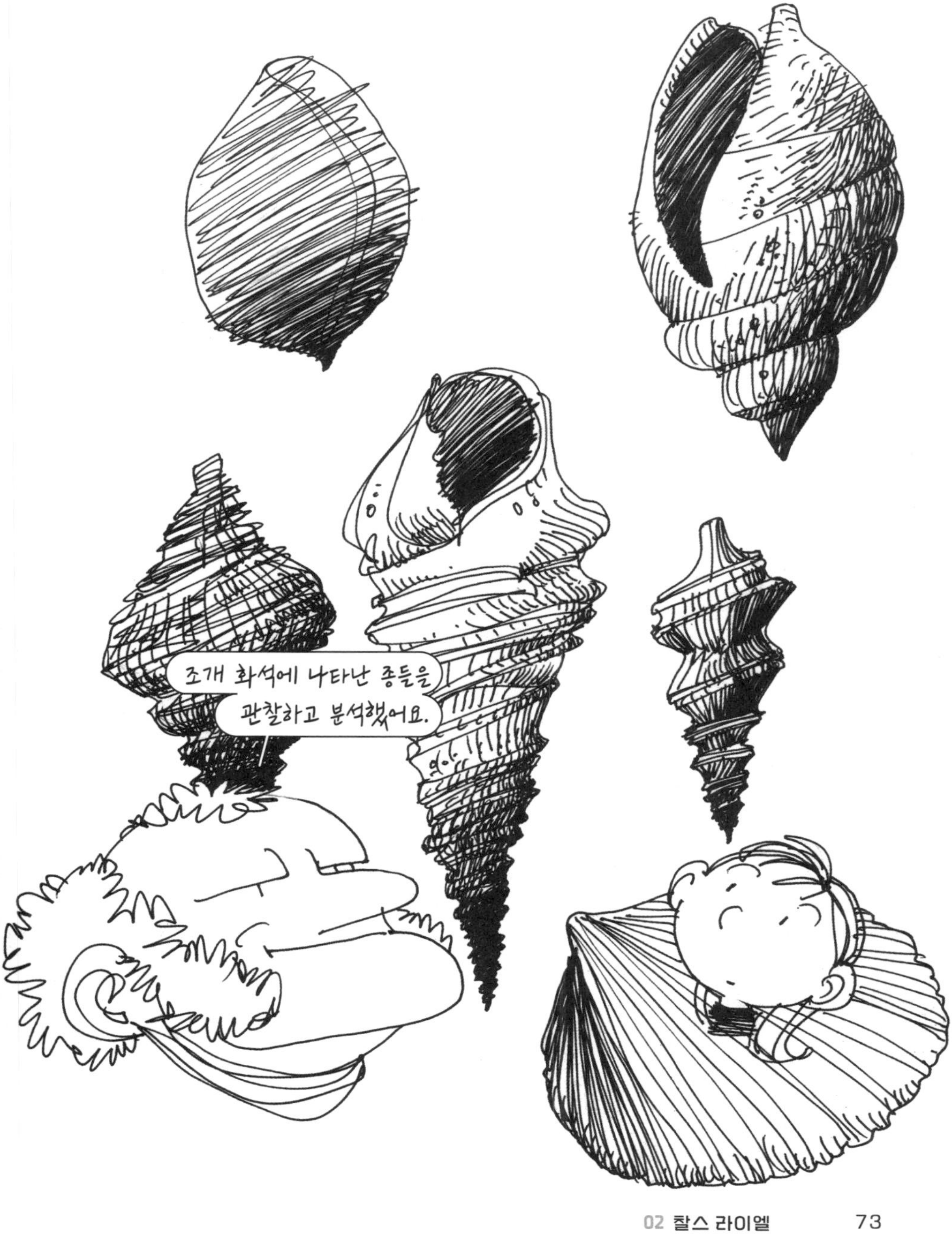
조개 화석에 나타난 종들을
관찰하고 분석했어요.

지질학계뿐 아니라 대중 사이에서도 《지질학의 원리》는
엄청난 인기를 누렸습니다.

너도 나도 다 읽는 베스트셀러!
너도 그 책 샀냐?

자연스럽게 격변설은 지질학의 무대 뒤로 물러나고 동일과정설이 주인공이 되었지만 오늘날 지구과학에서 두 이론은 상호보완적입니다.

대홍수는 그렇다고 쳐. 하지만 격변설을 아예 부정하면 빙하기도 없었다는 거냐?
빙하기는 점진적인 변화였지.
백악기 공룡 멸종은 어떻게 설명할래?
한 가지만으론 모두를 설명하기에 부족해.

비글호를 타고 탐험의 길에 오른 다윈의 손에는
라이엘의 《지질학의 원리》가 들려 있었습니다.

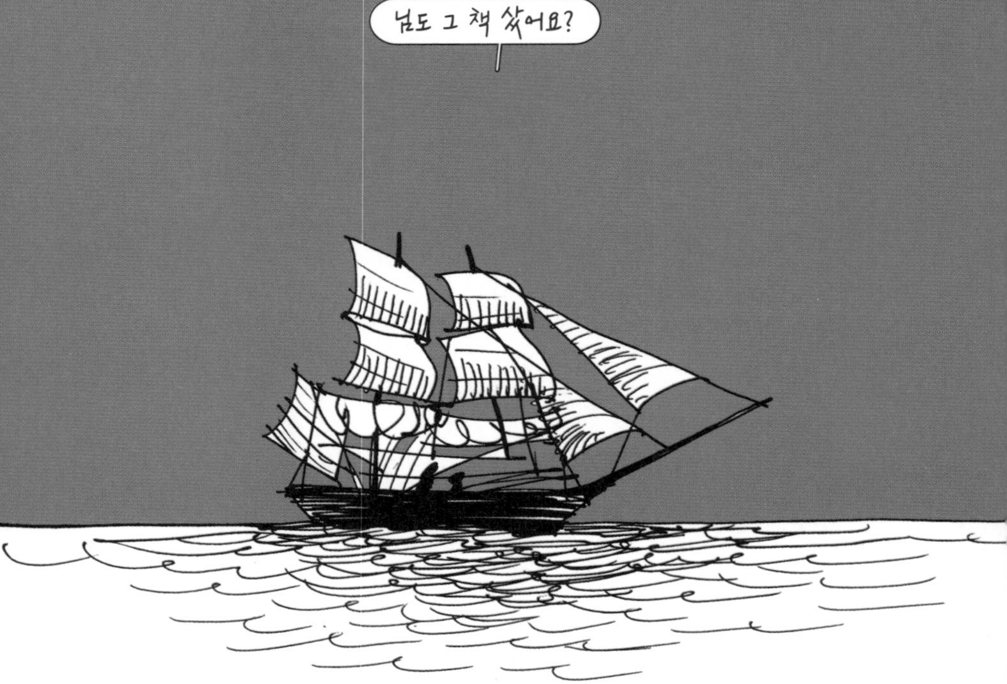
님도 그 책 샀어요?

03

상상의 권리, 논란의 기원

찰스 다윈

Charles Darwin (1809~1882)

영국의 생물학자이자 진화론자이다. 《종의 기원》에서 생물이 따로따로 창조된 것이 아니라, 자연선택에 의해 진화한다는 진화론의 토대를 세웠다.

19세기 중반에 출간되어 지금도
인간 존재의 기원에 관한 논쟁의 중심에 있는 책,
《종의 기원》에 담긴 내용을 따른다면
"콩 심은 데 콩 나고 팥 심은 데 팥 난다"라는
속담조차 무색해집니다.
다윈이 주장한 '자연선택' 개념은
근본적으로 종이란 고정된 채로
불변한다는 생각을 거스르기 때문입니다.

1858년 6월 18일, 찰스 다윈은 박물학자 앨프리드 러셀 월리스의 편지를 받고 충격에 휩싸였습니다.

저는 말레이 반도에서 연구 중인 박물학자입니다.
최근 제가 결론에 도달한 진화론에 대해 선생님의 고견을 듣고 싶어 편지를 쓰게 되었습니다.
Alfred Russel Wallace

윌리스가 보내온 논문은 과정에서 결론에 이르기까지
자신이 그간 연구한 내용과 거의 일치했기 때문입니다.

큰일 났네. 큰일 났어.

자칫하면 지난 20년간의 노력이 물거품이 될 수도 있다는 생각에
다급해진 다윈은 라이엘에게 자문을 구했고,

선생님, 꾸물대다가 선수를 뺏기게 생겼습니다. 이 일을 어쩌면 좋습니까?
자네가 진화론 연구한 거 나도 안다. 내가 월리스한테 잘 말해보지.
Charles Lyell

다행히 다른 과학자들이 중재에 나서서 두 사람은 공동으로 진화에 관한 논문을 발표할 수 있었습니다.

저는 뭐 다윈 선생님과 함께라면 더 좋습니다.
당신은 나한테 묻어가서 좋겠지만 솔직히 난 별로야.

1858년 린네 학회

1년 뒤 다윈은 진화론을 종합적으로 서술한 책을 혼자서 출간했습니다.

더 이상 미룰 수 없었지.
뭐가 그리 급했어?
역사가 '월리스와 다윈'의 진화론으로
기억하게 둘 순 없잖아?

진화론의 가장 기본적인 이론을 담고 있는 책, 이른바 《종의 기원》입니다.

이왕이면 책도 저랑 공저로 내셨으면 좋았을 텐데….
ON
THE ORIGIN OF SPECIES
언감생심이다.
BY MEANS OF NATURAL SELECTION
BY CHARLES DARWIN, M.A.,

영국의 부유한 의사 집안에서 태어난 다윈은 열여섯 살에 의학도로 출발했습니다.

내가 의사라서 하는 얘기는 아니지만,
나는 너도 의사가 되면 좋겠다.
아버지 말씀이 앞뒤가 안 맞지만
그래도 의대는 가겠습니다.

그러나 에든버러 의대에서의 경험은 그에게 악몽과도 같았습니다.

살 찢고 피 튀기는 외과 수술은 정말 저랑 안 맞아요.
어쩌나? 아직 내시경도 없고 복강경도 없으니.
그럼 전공을 바꿔야겠네요.

부친의 권유에 따라 케임브리지 대학에서 두 번째로 전공한 신학 역시 다윈의 흥미를 끌지 못했는데,

목사가 될 생각은 전혀 없었지만 그래도 졸업은 했어.
무슨 재미로 학교 다녔대?
딱정벌레 잡는 재미가 쏠쏠했거든.

그마나 제법 열의를 보였던 수업은 존 헨슬로 교수의 식물학 강의였죠.

찰스야, 넌 야외 채집
따라다니는 게 그렇게 좋으니?
John Stevens Henslow
좋아요. 딱 좋아요.

그 시절부터 다윈을 눈여겨본 헨슬로 교수는 1831년 다윈에게 인생을 바꿀 만한 일을 제안했습니다.

찰스, 너한테 딱 어울리는 일이 하나 있는데 해볼래?
뭡니까?
배를 타거라.

다윈은 로버트 피츠로이 선장이 지휘하는 영국 해군 함선 비글호에 승선했습니다.

대영제국의 영광을 위해 5년 동안 항해하면서
남반구 해안선 지도를 그리는 임무다.
Robert FitzRoy
제 임무는 뭡니까?
내 말동무하는 거다.
선장님과 이 배는 나 때문에
후세에 이름 한 줄씩은 기억될 거요.

항해하는 내내 다윈의 손에는 라이엘의 《지질학의 원리》가 들려 있었습니다.

지구가 아주 오랫동안 서서히 변했다는, 그 책이지?
그 오랜 시간 동안 생물이라고 안 변했겠어요?

다윈은 비글호 탐사를 생물학자로서의 알찬 경험으로 십분 활용했습니다.

온갖 종류의 화석과 동식물을 관찰하고
표본으로 만드는 과정에서 종의 다양성에 눈을 떴어요.
내 말동무는 언제 할 건데?
진화론자가 아니라서
말이 안 통해요.

특히 갈라파고스 제도는 자신의 생각을 확장시킬 수 있는 자연 관찰의 보고였습니다.

Pinta
Isabela
Hood
섬마다 서식하는 갈라파고스땅거북들의 등딱지 모양이 미묘하게 제각각이었어요.
뚫어져라 쳐다보시네. 저한테 관심 있수?

그곳의 조류도 면밀히 관찰했는데, 핀치의 부리를 관찰한 결과는 놀라웠습니다.

작은 곤충을 잘 찍는 가느다란 부리.
핀치 한 종임에도 불구하고 부리 모양이 갖가지.
작은 씨앗을 으깨기 쉬운 작은 부리.
이건 먹이 환경이 다른 지역에 알맞은
부리 형태로 진화한 증거가 아니겠어요?
곤충을 잘 잡는 짧고 뾰족한 부리.
씨앗을 으깨려면 크고 강한 부리.

다윈은 자신의 관찰 연구가 종래에는 분명 종의 안정성을 흔드는 결과를 낳게 될 거라는 생각을 그때 했을 겁니다.

이것은 지금까지 나 말고 누구도 찾지 못한 발견이지만….
이것 때문에 나만 위험해질 수도 있겠는걸?

그는 항해를 마치고 귀국한 다음에도 부지런히 자료를 수집하면서 자신의 생각을 보완하는 데 시간과 공을 들였습니다.

근심 걱정 잔뜩 짊어지고 돌아왔다.

자칫 성경의 창조 원리와 정면으로 부딪치게 될 수도 있는
연구 결과를 세상에 내놓으려면 무엇보다 증거가 필요했기 때문이죠.

내 가설이 인정받으려면 타당하고 분명하고
슬기로운 근거를 마련해야 해.

진화론의 체계를 구축하는 근거를 모으기 위해
원예가나 동식물 사육자와 의논하기도 하고,

당신네들 품종 개량하잖아?
하지. 원하는 성질을 가진 것들을 선택해서.
그건 인위선택(artificial selection)이네. 그렇지?
그럼 동식물들 사이에 자연선택(natural selection)도 가능하지 않을까?
당신, 위험 인물이구먼.

식물학에 관심을 갖기 시작하면서 읽었던 책과 논문 들을

회상해 보기도 했습니다.

Georges Cuvier
조르주 퀴비에는 갑작스런 지구 재앙으로 어떤 종이 멸절하고 새로운 종이 탄생하기도 한댔지?
Jean Baptiste Lamarck
라마르크의 획득형질에 관한 이론은 이미 알려진 거고.
라이엘은 지구가 서서히 변하는 가운데 생명체의 변화도 추측했고.
그리고, 또 뭐가 있었지?
Charles Lyell
!

그런데 다윈으로 하여금 번뜩이는 영감을 떠올리게 한 과거의 인물은 다름 아닌 영국의 경제학자이자 통계학자였습니다.

1798년 《인구론》을 쓴 토머스 맬서스.
너무너무 재미있다!
그래?
PRINCIPLE OF POPULATION
ThomasMalthus

맬서스의 《인구론》은 급증하는 인구수를 따라잡지 못하는 제한된 자원 간에 발생하는 문제를 다루었죠.

전쟁이나 전염병 같은 재난이 없으면
인구수는 감당 못할 정도로 증가하는 거야.
인구 증가
자원
인구 증가가 자원을 넘어서는 이 포인트가 막장인 거라고!

다윈이 주목한 대목은 바로 생존경쟁.

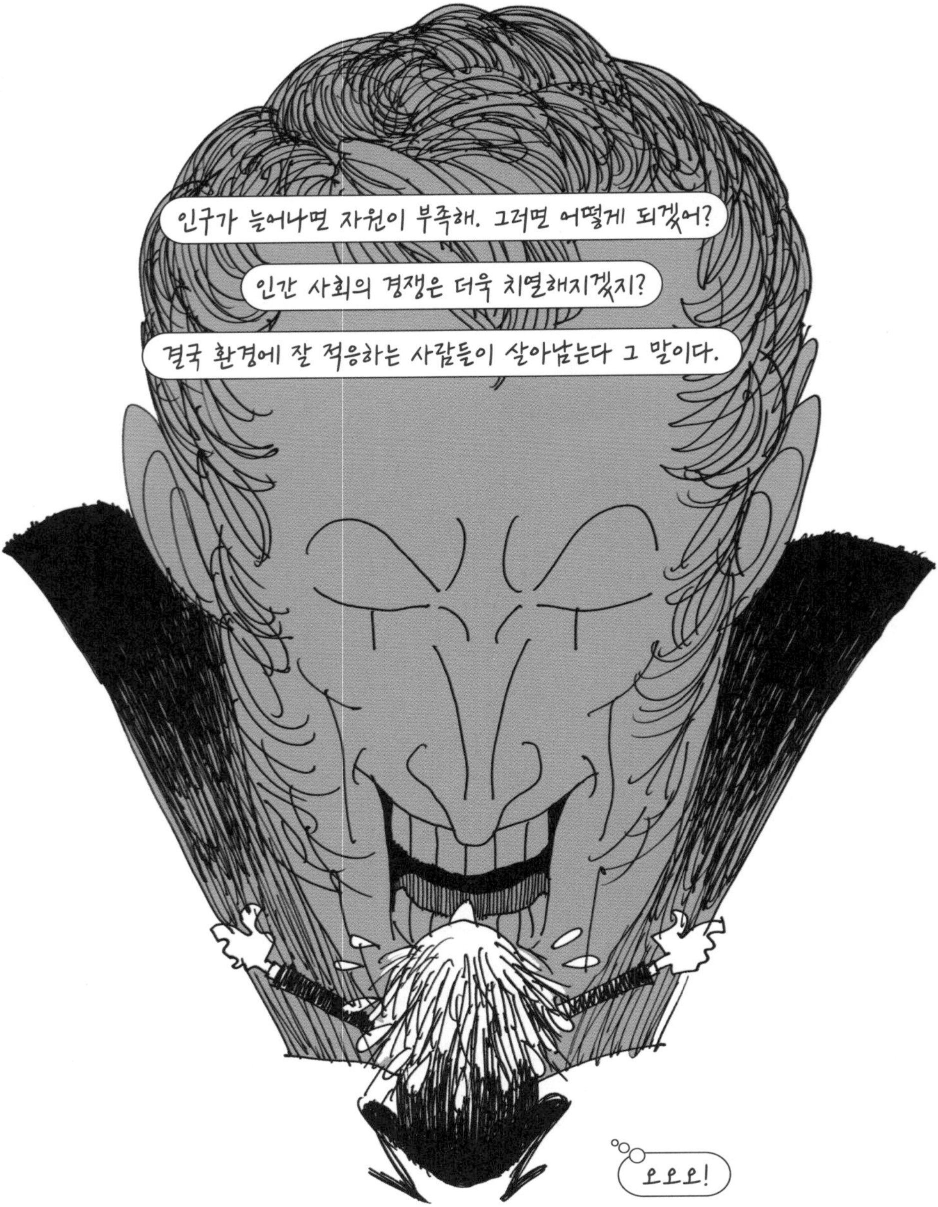
인구가 늘어나면 자원이 부족해. 그러면 어떻게 되겠어?
인간 사회의 경쟁은 더욱 치열해지겠지?
결국 환경에 잘 적응하는 사람들이 살아남는다 그 말이다.
오오오!

맬서스의 이론을 자연계에 적용했습니다.

어떤 종의 여러 개체 중 주어진 환경에 잘 적응하는 성질을 가진 것만 살아남게 되는 메커니즘.
핀치의 부리처럼?
바로 이게 자연선택!

그래서 애초에 다윈이 《종의 기원》에 붙인 원래 제목은 '자연선택의 방법에 따른 종의 기원, 또는 생존경쟁에서 유리한 종족 보전에 대하여'입니다.

자연선택이 발생할 조건은
특정한 유전형질을 지닌 개체들이
생존과 짝짓기에 더 유리할 때.
들었지?
그래서 뭐 어쩌자고?
분위기 좀 바꾸자고.
?

다윈은 스스로도 놀랄 만한 연구 성과를 손에 쥐고도 20년간 발표를 미룬 채 더 확실한 증거들을 모으며 연구에 매진했습니다.

논문을 발표하면 세상이 발칵 뒤집어질 텐데….
그게 두려워?
나도 덩달아 뒤집어질까 봐.

그러던 와중에 월리스의 편지를 받았던 겁니다.
머뭇거리다가 나한테 선수 빼앗기시려고?
뒤집어질 때 뒤집어지더라도!

과학사에서 가장 기이한 내용을 담은 《종의 기원》은 출판되자마자 불티나게 팔렸습니다.

이거 읽었냐?
자연환경에 더 우호적인 형질을 지닌 개체들이 더 많이 태어나 지배하는 거래.
인간의 조상은 생활력 강하고 번식력도 좋은 원숭이들이었단 거네?
…
ON THE ORIGIN OF SPECIES

그와 함께 촉발된 인간 존재의 기원에 관한 논란이 지금까지 계속되고 있는 건 우리가 익히 아는 바입니다.

진화론을 굳이 창조론과 대적하는
이론으로 봐야 할까?
어쨌든 다윈이 무신론자인 건 맞잖아?
원래는 무신론자 아니었다니까.
ORIGIN OF ...ES
GENESIS

다윈은 진화론에 한창 매달렸던 1851년 사랑하는 어린 딸을 잃었습니다.
그 아픈 경험은 그의 신앙심을 약화시키는 데 결정적인 계기가 되었습니다.
….

그는 사후에 1882년 런던의 웨스트민스터 사원에 묻혔습니다.

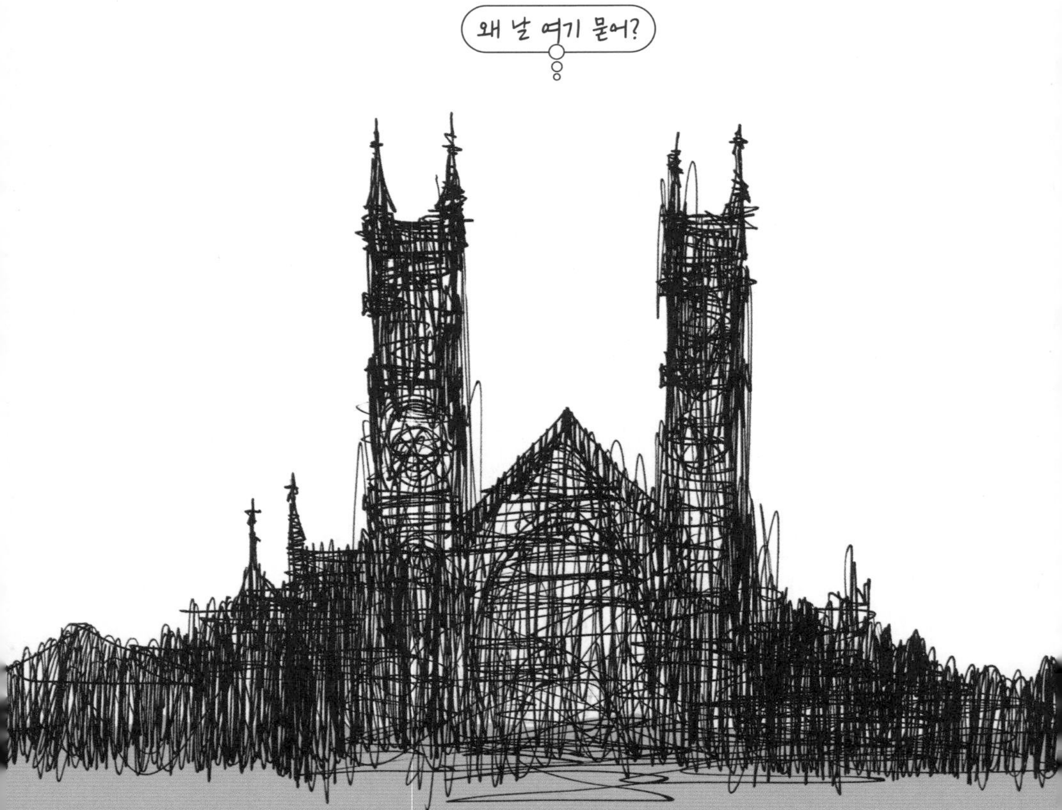
왜 날 여기 묻어?

04

통계로 만든 유전 법칙

그레고어 멘델

Gregor Mendel (1822~1884)

오스트리아의 식물학자이자 성직자이다. 완두콩 교배 실험을 통해 유전의 기본 원리인 '멘델의 법칙'을 발견함으로써 유전학의 초석을 다졌다.

사람들은 자식이 부모를 닮는다는 건 알았지만
그 과정에 어떤 메커니즘이 있는지는
19세기에 이르기까지 전혀 알지 못했고
별 관심도 보이지 않았습니다.
다윈이 《종의 기원》을 발표한 지 10년이 지났을 때
오스트리아의 한 수도사가 그런 물음을 가지고
집요하게 실험한 끝에 유전학의 디딤돌을 놓았습니다.

자식이 부모를 닮는 건 당연한데 굳이 뭘 따지겠습니까?

아버지, 내 코가 왜 이렇게 생겨먹었을까요?
날 탓하지 마라.
그럼 누굴?
세상의 이치를 탓해라.

하지만 과학은 그런 것조차 따져봅니다. 동식물 세계에서 자식들이 대를 이어 부모를 닮아가는 과정을 연구하는 분야를 유전학(genetics)이라고 합니다.

유전학이라는 용어를 처음 쓴 사람은
영국의 윌리엄 베이트슨이었어요.
20세기 초였죠.
아저씨야?
William
Bateson

고대 그리스 자연철학자들은 부모에게서 전해지는 모종의 물질이 피에 섞여 있을 거라고 막연하게 추측할 뿐이었습니다.

너희도 자식 낳아보면 다 알 거다.
왜 자세히 안 가르쳐주십니까?
크면 알게 돼.

다윈이 진화론을 개진할 때에도 정작 어떤 형질이 어떻게 유전되는지에 관해 과학자들은 크게 관심 두지 않았습니다.

선생님, 진화론을 뒷받침할 만한 짝짓기의 법칙에는 관심 없습니까?
글쎄다….
ON THE ORIGIN OF SPECIES

1900년에 네덜란드의 휘호 더프리스, 오스트리아의 체르마크 폰 자이제네크, 독일의 카를 코렌스, 이 세 과학자는 제각각 유전형질의 대물림에 관한 연구 성과를 얻게 되었습니다.

닮아가는 과정에 규칙이 있다는 걸 발견했어!
Hugo de Vries
Tschermak von Seysenegg
나도!
너도?
Karl Correns
우리 중에 누가 최초 발견자지?
넌 아냐.

이 세 사람은 의미 있는 유전 법칙을 누가 처음 발견했는지를 두고 크게 다투지 않았습니다.

최초를 너한테 양보할 마음은 눈곱만큼도 없지.
피차일반.
하지만 그분한테는 양보할 수 있지.

왜냐하면 그들이 했던 것과 같은 실험 결과를 이미 30년 전에 발표한 인물이 있었기 때문입니다.

그동안 아무도 눈여겨보지 않는 곳에 처박혀 있던 논문, 〈식물의 잡종에 관한 실험〉.
너도 그거 봤지?
내 논문 다 쓰고 난 다음에 봤다고.
피차일반이여.

세 사람이 만장일치로 유전 법칙의 최초 발견자로 추대한 인물.

그럼 그분께 양보하는 걸로 합의하는 거지?
아무렴! 너한테 양보하는 것보다는 훨씬 나으니까.

16년 전에 세상을 떠난 그레고어 멘델이었습니다.

그러니까 우리의 업적은 멘델의 재발견인 거야.
과학책에 멘델이 나오면 우리 이름도 덩달아 잠깐씩 등장하겠지?
그 정도면 됐지.
암만, 네 이름만 줄줄이 나오는 것보단 훨씬 낫지.
MENDEL

멘델의 사회적 신분은 과학자가 아니라 오스트리아의 어느 수도원에 속했던 사제였습니다.

그래서 그분 논문이 과학계에 널리 안 알려졌던 걸까?
당시 과학계에서 수도사라고 좀 만만히 본 면도 있겠지?
그나저나 이 만화에선 우리가 꽤 나오는걸?

그러나 그에게는 여느 과학자들 못지않은 비범함과
투철한 실험 정신이 있었습니다.

어렸을 때부터 배우고 익히는 데 탁월하셨대.
집이 가난해서 대학을 못 가신 게지.
그래서 수도원에 들어가신 거구나.
돈 안 내고 배울 수 있는 데가 거기잖여.

브륀의 아우구스티누스 수도원은 멘델에게 적합한 학문의 전당인 데다 커다란 식물원도 딸려 있었습니다.

수도사들 중에는 훌륭한 교사들도 있었고.
다양한 주제로 토론도 많이 했어.
박물학, 식물학, 농업에 관심 많았던 나한텐 그만한 곳이 없었지.

스물아홉 살 때 빈 대학에서 물리학과 수학, 화학 등 여러 분야의 학문도 착실히 익혔습니다.
수도원장의 권유로 유학을 간 거지.
학위는 얻지 않았지만 그 모든 배움은 내 주요 실험의 바탕이 되었어.

멘델은 1856년부터 본격적으로 자신이 궁금해하던 것에 관한 실증적인 결과를 얻기 위해 매진했습니다.

이제부터 생물의 닮는 법칙을 찾기 위해
어마어마한 양의 교배를 실시하겠습니다.
쥐 같은 동물로는 하지 마라.
완두콩으로 할 겁니다.
콩? 좋다.

훗날 '멘델의 법칙'으로 알려질 위대한 실험의 대장정이 시작된 겁니다.

8년에 걸친 실험이었어.
어지간한 끈기 없이는 엄두도 못 낼 시도였네.
그나마 완두콩이라서 다행이었지.

멘델은 실험 결과를 얻기까지 약 2만 8,000포기의 완두를 이용했고,
이 중 1만 2,835포기는 세밀하게 관찰했죠.

수도원이 콩밭이군.
콩 많이 드세요. 몸에도 좋아요.

멘델이 실험 재료로 완두콩을 선택한 데 특별한 과학적 의도는 없었을까요?

일단 흔해. 값도 싸고.
잘 자라고 한 번에 얻는 양도 많아.
재배해서 결과를 얻는 데 걸리는 시간도 짧지.

무엇보다 완두콩이 적합했던 건 뚜렷한 대립형질을 구하기 쉬웠다는 점입니다.

게다가 확연히 다르게 형질이 표현되는 것들을 교배해서 자식 세대에 어떤 게 나오는지 관찰하기도 쉽잖아?
대립형질?
이렇게 생긴 것과 이렇게 생긴 것이 짝짓기하면 어떻게 생긴 자식이 나오는지 보는 거야.

멘델은 일곱 가지 대립형질의 완두콩을 가지고 재배하면서 관찰했습니다.

녹색 콩과 황색 콩.
모양이 둥근 것과 주름진 것.
키가 큰 것과 작은 것.
꽃이 붉은 것과 흰 것 등.

먼저 필요한 건 특정한 형질의 순종 콩을 찾는 거였습니다.

예를 들어, 동그란 유전형질만 갖고 있는 동그란 콩,
주름진 형질만 가진 주름진 콩.
순종인지 아닌지 어떻게 알아?
순수한 마음으로 찾으면 돼.

'순종'이라 함은 자식 세대에 부모와 같은
형질의 자식만 낳는 걸 말합니다.

예를 들어, 동그란 콩의 순종을 교배하면
모조리 동그란 콩만 나와.
동그란 콩 둘을 교배할 때
주름진 콩이 나오는 경우도 있어?
있지. 잡종일 경우에.

멘델은 먼저 한 가지 대립형질의 순종 콩을 교배해서 1세대 잡종을 얻었습니다.

동그란 순종 콩과 주름진 순종 콩이 짝짓기를 하면
그 자식인 잡종 1세대의 생김새는?
어중간하게 동그란 콩?
아니, 모두 동그란 콩이 나왔어.

그다음에는 잡종 1세대끼리 **자가수분***을 해보았습니다.

* **자가수분**
동일한 유전자를 가진 꽃의 꽃가루가 스스로 암술머리에 붙어 열매나 씨를 맺는 일.

잡종으로 얻은 동그란 콩끼리 짝짓기하면?
동그란 콩이 또 나오겠지?
아냐, 동그란 콩과 주름진 콩의 비율이 3:1로 나왔어.
3 : 1

실험 결과로 얻은 데이터를 바탕으로 멘델은 중요한 가설을 세웠습니다.

개체는 한 쌍의 유전형질을 가진다.
그리고 유전형질 중에서 하나는 우성으로, 다른 하나는 열성으로 작용한다.
잡종(Rr)일 때 겉으로 드러나는 성질(R)이 우성, 드러나지 않는 성질(r)이 열성이지.
RR
rr
Rr

이런 내용을 도식으로 나타내면 쌍으로 정해지는 형질이 어떤 식으로 대물림되는지 잘 보입니다.

다음 단계로 두 가지 복합적인 형질의 완두콩들로 같은 실험을 했습니다.

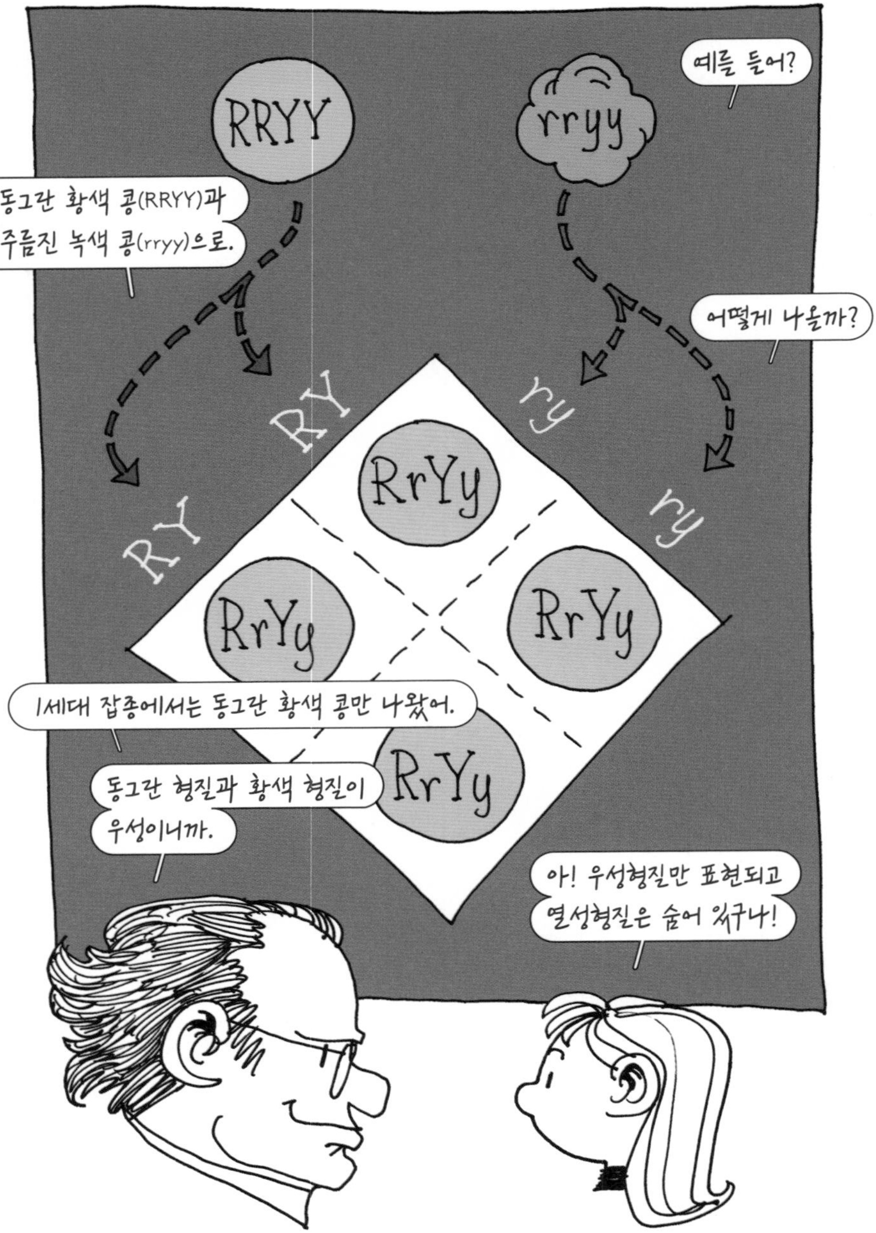

RRYY
rryy
예를 들어?
동그란 황색 콩(RRYY)과
주름진 녹색 콩(rryy)으로.
어떻게 나올까?
RY
RY
ry
ry
RrYy
RrYy
RrYy
RrYy
1세대 잡종에서는 동그란 황색 콩만 나왔어.
동그란 형질과 황색 형질이
우성이니까.
아! 우성형질만 표현되고
열성형질은 숨어 있구나!

잡종 1세대를 부모 삼아 자가수분해서 잡종 2세대의 비율도 얻었죠.

실험 결과를 바탕으로 멘델이 발견한 첫 번째 규칙은
우성과 열성에 관한 것이었습니다.

순종 교배 시, 1세대 잡종에서
표현되는 형질이 우성형질이다.
동그란 모양, 황색 등.
RrYy
Rr
Yy
Rryy
RrYy
rrYy

두 번째 규칙은 쌍을 이루는 형질들은 각기 분리된다는 것이었습니다.

유전형질은 부모 세대로부터
각각 하나씩 물려받아.
이때 열성형질은
우성형질에 가려 잠복되지.
RR
rr
R
r
R
r
난 동그랗지만 속에 주름진 형질도 감추고 있어.

세 번째 규칙은 두 종류의 형질들을 가진 개체를 교배할 때 대립형질의 쌍들은 서로 독립적으로 유전된다는 것이었습니다.

동그란 형질, 주름진 형질,
그리고 황색 형질, 녹색 형질.
유전되어 표현되는 과정이
모두 독립적이야.
RrYy
rrYy
Rryy
rryy

1866년 멘델은 드디어 자신의 오랜 연구 성과와
부푼 기대를 담은 논문을 발표했습니다.

〈식물의 잡종에 관한 실험〉!
두근두근!
두근두근...
두근두근...

그러나 아무도 관심을 갖지 않았습니다.
아무도 눈여겨봐주지 않아.
다윈 선생도 보는 둥 마는 둥 했어.

이후 멘델은 더 이상 유전 관련 실험을 하지 않았고
수도원장으로 살다가 생을 마감했습니다.
언젠가는 세상이 내 실험을 알아줄 거야.

오늘날 생명과학의 꽃이라 할 만한 유전학의 기초를 마련했던 그의 유전 법칙은 발표되고 30년이 지나서야 비로소 세 명의 과학자들에 의해 재조명되었습니다.

우리 또 나왔다.
그분께 양보하길 잘했지.
그럼!

05

모두의 은인

루이 파스퇴르

Louis Pasteur (1822~1895)

프랑스의 화학자이자 미생물학자이다. 발효와 부패에 관한 연구를 통해 공기 중의 미생물 때문에 부패가 일어난다는 것을 확인하고 생물은 오직 생물로부터 발생한다는 사실을 증명했다.

루이 파스퇴르는

프랑스의 평범한 가정에서 태어나

평생 미생물을 관찰하고 연구하며,

질병이 전파되는 것은

미생물이 원인이라는 사실을 밝히고

예방과 치료를 위한

면역요법을 개발했습니다.

과거의 사람들은 생물이 생식 과정 없이 저절로 생겨날 수 있다고 믿었습니다.

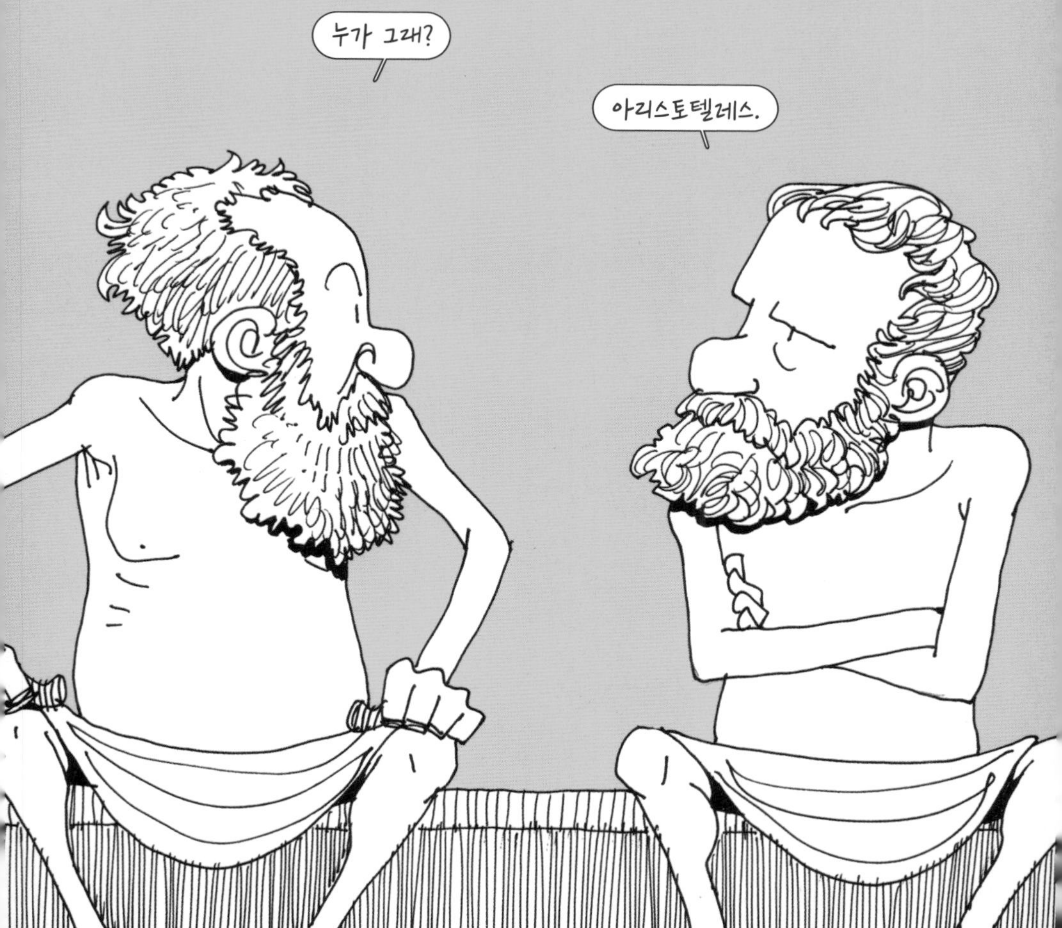
누가 그래?
아리스토텔레스.

이른바 '자연발생설'은 과학계에서도 꽤 오래 지속되었는데,

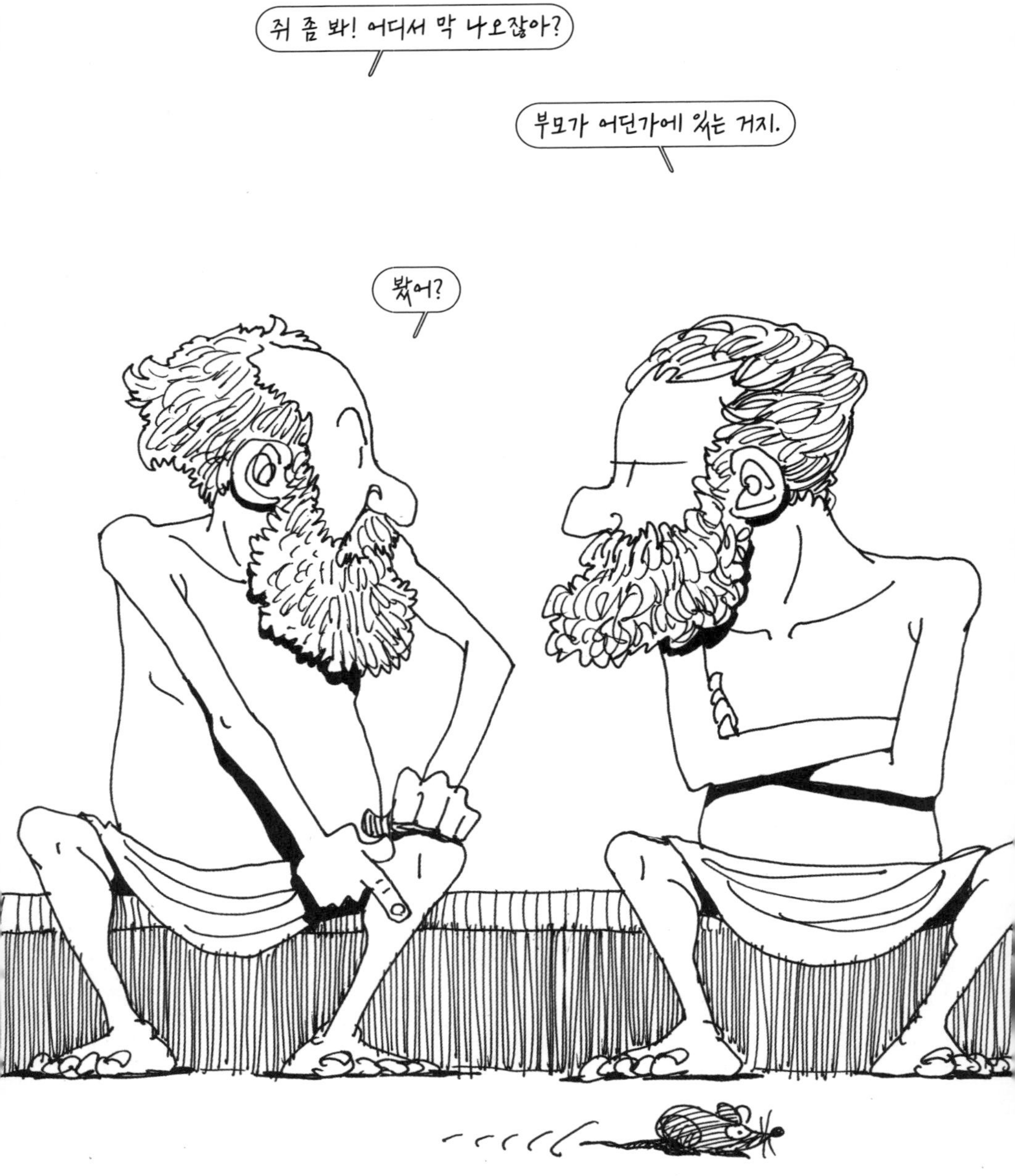
쥐 좀 봐! 어디서 막 나오잖아?
부모가 어딘가에 있는 거지.
봤어?

미생물의 발생에 관해서는 19세기 후반까지 공방이 이어졌습니다.

고기 그냥 놔둬봐.
썩으면서 미생물이 생기잖아?
그건 날아든 미생물
포자가 번식한 거지.

1745년 영국의 박물학자 존 니덤은 끓인 뒤에 상온에서 며칠간 방치한 고깃국에 생긴 미생물을 자연발생설의 증거라고 주장했는가 하면,

John Needham
열로 살균했는데도 미생물이 생겼잖아?

1768년 이탈리아의 생리학자 라차로 스팔란차니가 외부 공기 유입을 막고 끓인 고깃국에는 미생물이 발생하지 않는다는 실험을 해서 반박했습니다.

Lazzaro Spallanzani
봐! 안 생기잖아?

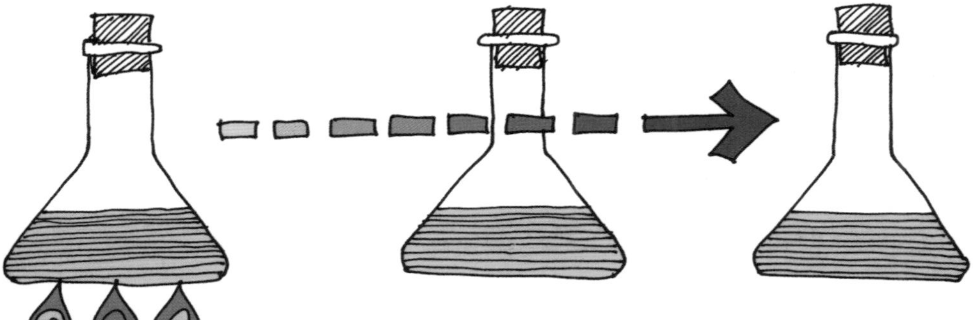

하지만 자연발생설 지지자들은 공기가 미생물이 자라도록 하는 양분 혹은 에너지라고 주장했죠.

산소가 없으니까 미생물이 자라지 못한 거지.

1860년 그 논란에 종지부를 찍은 사람은 당시 파리의 고등사범학교 교수였습니다.

산소가 있어도 미생물이
안 생긴다는 걸 보여주겠어.
성함이?

그는 공기와 미생물을 분리하기 위해 독특한 모양의 플라스크를 고안했습니다.

이걸로 증명한다.
모가지가 백조 목처럼 생겼지?
일단 끓여서 살균하고 식히자고.

일명 '백조목 플라스크'를 밀봉하지 않은 채 방치해 두었지만
미생물은 발생하지 않았습니다.

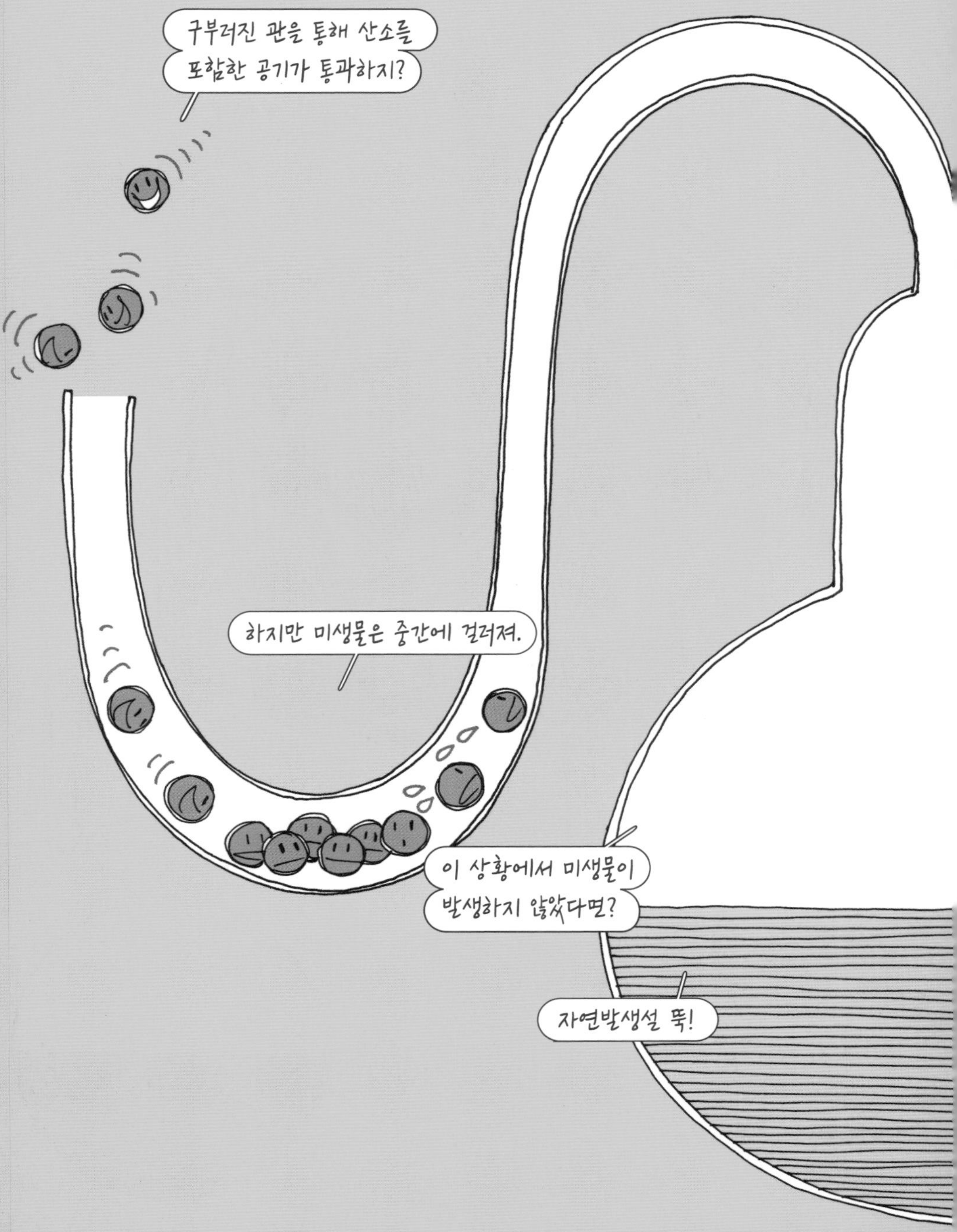
구부러진 관을 통해 산소를
포함한 공기가 통과하지?
하지만 미생물은 중간에 걸러져.
이 상황에서 미생물이
발생하지 않았다면?
자연발생설 뚝!

그런 다음 관을 기울여 미생물이 고깃국에 닿을 수 있게 했더니 고깃국은 이내 부패했습니다.

공기 중에 미생물이 가득 있었던 거야.
와! 고깃국이다.
결론은 아무리 작은 미생물일지언정
저절로 생겨나지 않는다는 것.

자연발생설을 무력화하고 생물은 오직 생물로부터 발생한다는 사실을 증명한 사람은 루이 파스퇴르.

미생물학의 기초를 세웠어.
혹시 우유 회사도 세우셨어요?

유제품이나 맥주 등에 활용하는 저온 살균법도 1865년 그가 처음 개발한 것입니다.

그래서 저온 살균법(Pasteurization)에
내 이름이 붙어 있잖아.
Pasteurization

포도주 양조장의 골칫거리를 해결해주면서 터득한 방법이었죠.

포도주가 발효될 때 맛이 변해서
손해 보는 경우가 허다하지?
근데?
그게 다 미생물 때문이야.
그래서?
그 미생물만 딱 잡아주면 되거든.
어떻게?
50~60°C로 가열해.

그의 미생물에 관한 연구는 곧바로 질병 치료법 발견으로 이어졌습니다.

부패나 발효뿐 아니라 전염병의 원인도
미생물이라는 확신에서 출발했지.
콜록!

1873년 프랑스 어느 마을 양계장에 콜레라가 크게 번졌을 때,

파스퇴르 선생, 방법이 없을까?
일단 콜레라균을 채취해서 배양해 보자고.
배양해서 뭐 하려고?
실험을 해야지.

파스퇴르는 잠깐 휴가를 다녀온 사이 방치해두었던 닭 콜레라 배양균이 약해져 있는 걸 발견했습니다.

어이! 콜레라 안 걸린 닭 몇 마리 가져와 봐.
왜? 백숙이라도 해 드시게?
기운 빠진 콜레라균 주사해 보려고.
멀쩡한 닭마저 죽이시게?

주사와 관찰을 거듭한 끝에 접종한 닭에게 면역이 생긴다는 결과를 얻었습니다.

가만있어봐.
좀 아프다가 괜찮아질 거야.
꼬꼬댁.
괜찮지?
이제 생생한 콜레라균을 맞아보자.
어때 멀쩡하지?
꼬꼬….

아마도 파스퇴르는 질병 예방 치료법의 첫 단추를 채우면서 에드워드 제너를 떠올렸을 겁니다.

첫 단추는 이미 18세기에 제너 선생께서 채우셨지.
제너가 누구야?
종두법 몰라?

한번 걸리면 치사율이 80%가 넘는 천연두 예방 접종법을 개발해

처음 시행한 사람이었죠.

하지만 첫 단추는 이미 기원전 10세기경 중국에서 채워졌지.
그렇게 오래전에?
천연두에 걸렸는데 안 죽고 가볍게 앓는 사람 피부의 종기 딱지를 썼어.
어떻게?
밀폐된 병에 한 달 정도 놔뒀다가 꺼내서 가루를 만들어 콧속에 넣었다나?
생사람한테 천연두를 옮겨? 그러다 죽으면?
안 죽으면 더 이상 안 걸렸지.
대책 없는 민간요법일세.

제너는 소가 걸리는 천연두인 우두에 감염된 사람에게 의외의 면역이 생겼다는 사실을 알게 되었고,

저 동네 소젖 짜는 여자들은 천연두를 겁 안 낸대.
왜?
우두에 걸렸다가 나은 다음부턴 겁이 없어졌나 봐.

우두에 걸린 사람의 물집에서 뺀 고름을 과감하게 건강한 사람들에게 접종하는 방법으로 성과를 냈습니다.

자! 우두 주사 맞자.
죽으면 어떡해?
열 좀 나고 괜찮을 거란다.
100% 확신해?
의학에 100%는 없단다.

제너의 종두법은 ‘vaccination’이라고 불렸는데,
소를 뜻하는 라틴어 ‘vacca’에서 따온 것입니다.

백신(vaccine)이라는 이름이
어떻게 생긴 건지 알겠지?

닭 콜레라 문제를 해결한 파스퇴르의 다음 과제는 탄저병이었습니다.

선생, 탄저병으로 양과 소가 떼죽음 당하게 생겼구먼유.

이미 죽은 양의 피에서 발견한 세균이 탄저병의 원인임을 밝힌 다음,
그는 공개 실험을 감행했습니다.

백신을 주사한 양들과 그렇지 않은 양들한테 탄저균을 놓겠습니다.
이렇게까지 하는 이유가 뭐유?
내 백신 요법을 의심하는 자들 군소리 못하게 하려고.

실험에 성공한 파스퇴르는 이제 광견병으로 눈을 돌렸습니다.

이쪽 양은 다 살았네그려.
그럼 난 이만.
축하 받아야지 어딜 가유?
개 잡으러.

파스퇴르는 광견병에 걸린 짐승에게 사람이 물리면 짐승의 침을 통해 전염되며, 뇌에 치명적인 손상을 입는다는 사실을 알아냈는데,

선생, 미친 개 데리고
뭐 하는 겁니까?
칠 좀 받으려고.
으르릉……

1885년 어느 날 개에게 물린 한 소년의 어머니로부터 치료를 부탁받았습니다.

선생, 우리 애 좀 고쳐주쇼.
사람한테는 아직 안 써봤는데….
그럼 역사적으로 한번 고쳐주쇼.

파스퇴르는 전에 없이 고민했지만 끝내 광견병 백신을 주사했습니다.

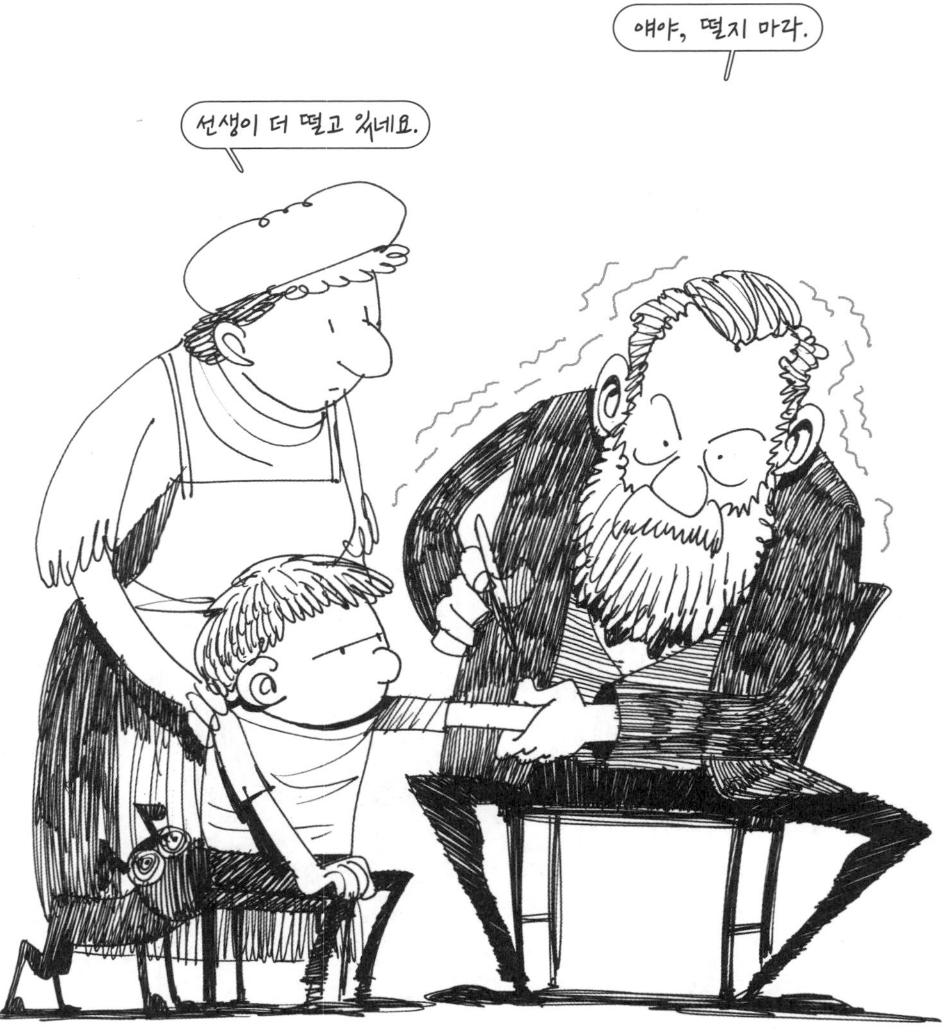

얘야, 떨지 마라.
선생이 더 떨고 있네요.

그러고 나서 소년은 회복했습니다.

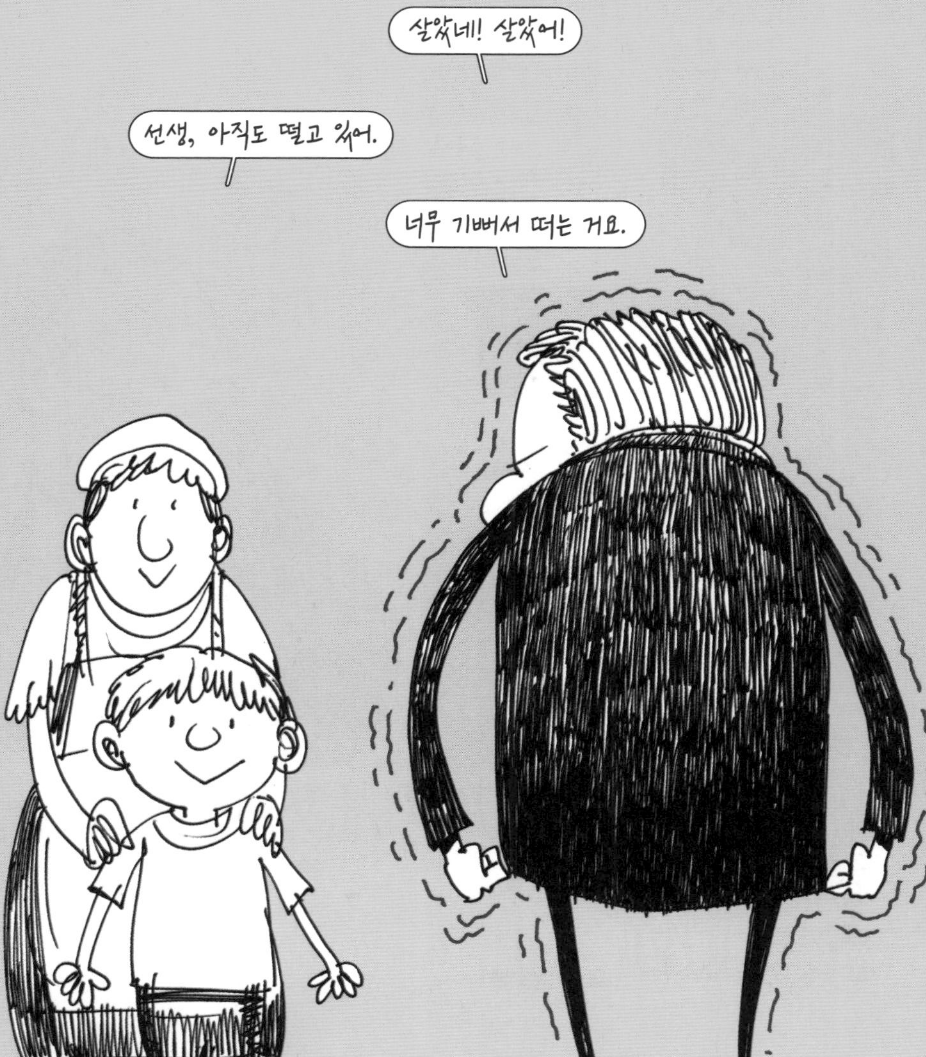
살았네! 살았어!
선생, 아직도 떨고 있어.
너무 기뻐서 떠는 거요.

이미 감염된 후였지만 병이 나았던 것은 광견병의 경우 잠복기가 길어서 백신이 유효했기 때문이죠.

선생, 드디어 사람의 병도 백신으로 예방할 수 있게 되었는데 이제 뭐 할 거요?
뭘 하긴, 쭉 한길 가야지.
어딜 가게?
파리에 파스퇴르 연구소 세워야지.

파스퇴르에게 광견병 백신을 맞고 살아난 소년은 45년간
파스퇴르 연구소의 문지기로 일했습니다.

선생께 빚졌으니까.
INSTITUT-PASTEUR

오늘날 수많은 질병에 미리 대처하며 생명을 지키는 우리 삶의 일부는 어쩌면 미생물과 질병의 관계를 집요하게 파헤친 그의 업적에 빚진 것일지도 모릅니다.

내 할 일 한 것일 뿐.

06

꼬리를 문 뱀

아우구스트 케쿨레

August Kekulé (1829~1896)

독일의 유기화학자. 유기물의 화학반응에서 탄소 분자가 하는 역할의 중요성을 알리고, 아무도 상상해 내지 못했던 벤젠 고리의 모양을 밝혀냈다.

벤젠은 패러데이에 의해 1825년 처음 발견된 이후

과학자들을 오랫동안 고민에 빠뜨린 물질이었습니다.

벤젠의 분자식은 C_6H_6인데,

어떤 과학자도 구조식을 어떻게 그릴지 몰랐거든요.

탄소화합물의 난제였던 벤젠의 비밀을 푼 사람은

건축학을 전공하다가 화학의 매력에 빠진

아우구스트 케쿨레였습니다.

1803년 돌턴이 원자론을 제창한 이후 화학 분야의 연구는 더욱 활발해졌습니다.

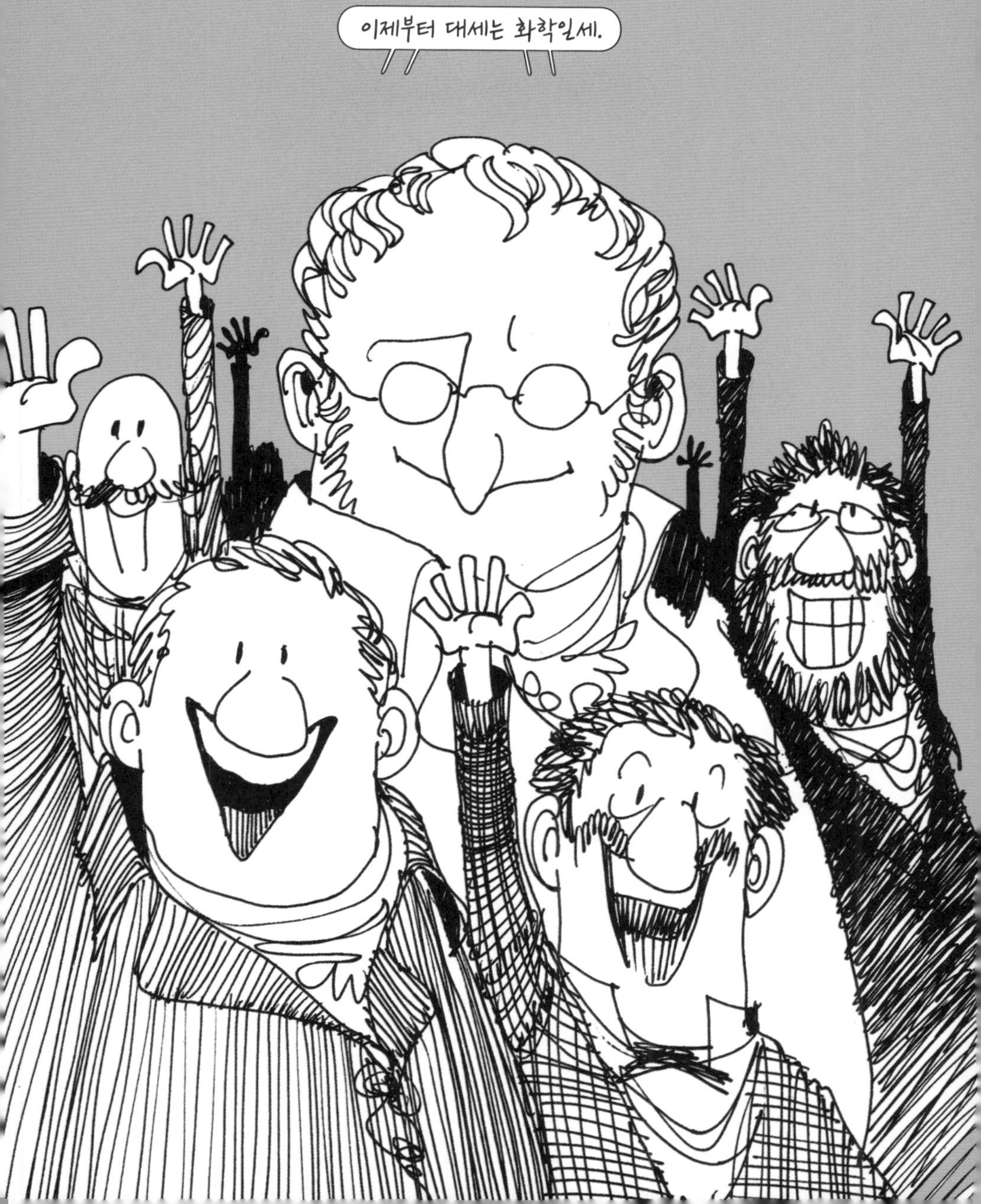
이제부터 대세는 화학일세.

과학자들은 새로운 원소를 발견하기도 하고,
기체들의 구성 비율에 관한 이론을 내놓기도 했습니다.

그리고 원자들이 결합하는 방식에 대한 연구도 이어졌죠.

화학반응식 너무 어려워요.
$CH_2O \xrightarrow{\Delta} C + H_2O\uparrow$
$C + O_2 \rightarrow CO_2\uparrow$
$CH_2O + O_2 \rightarrow$
19세기 과학자들을 원망해라.

1852년 영국의 화학자 에드워드 프랭클랜드는
'원자가'라는 개념을 내놓았습니다.

원자가(valence)는 특정한 원소의 원자가 다른 원자와 결합할 수 있는 수.
Sir Edward Frankland
H
수소의 원자가는 1.

물의 경우, 원자가 2인 산소와 원자가 1인 수소가 결합한 것입니다.

H
O
H
원자가를 원자에 달린 손으로 이해하면 어떨까?
O
N
악수하는 손처럼?
C
산소는 두 개, 질소는 세 개, 탄소는 네 개….

그런데 화학결합을 연구하던 과학자들은 탄소의 특별한 점을 발견했습니다.

얘는 결합하는 방식이 어마어마해.
이래 봬도 내가 생명과학의 주인공이라고.

탄소를 기본으로 수소, 산소, 질소, 인 등 여러 원소가 결합한 물질을 탄소화합물이라고 하는데,

근데 왜 네가 주인공이야?
이유를 알고 싶으면 유기화학을 공부해.
그냥 너 주인공 해.

탄소화합물은 메테인처럼 간단한 결합부터, 단백질처럼 결합이 복잡한 고분자화합물에 이르기까지 다양합니다.

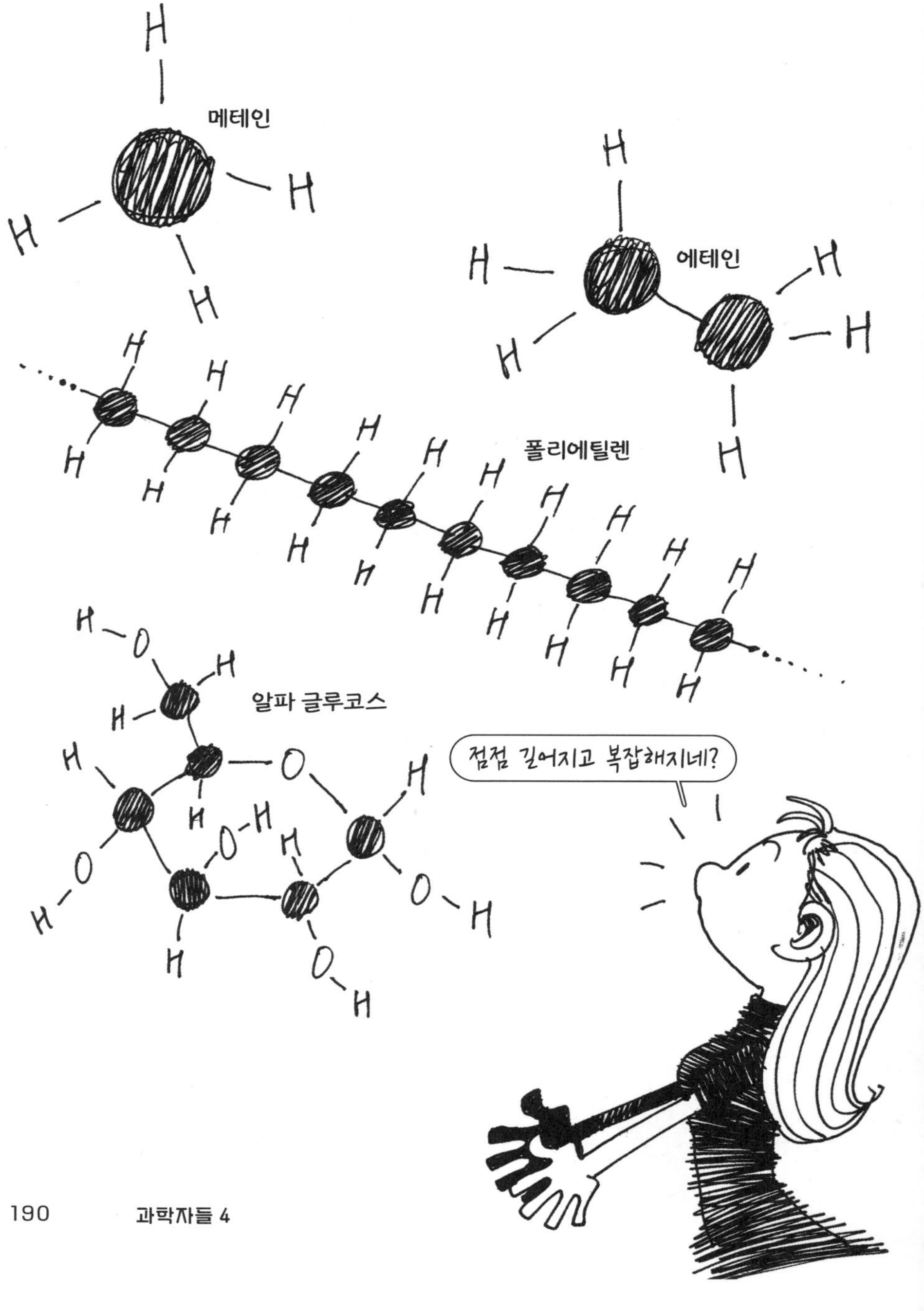

유기화학 역시 생명에 관계된 화학 분야를 분류한 것으로,
그 중심에 탄소가 있습니다.

H
H
N
H
나는 아미노산이야.
O
O-H
여기 매달린 나는 뭐야?
당신은 '나머지'야.
나머지가 뭐냐에 따라 아미노산의 종류가 결정돼.

1858년은 탄소화합물의 구성 방식을 두고 연구하던 아치볼드 쿠퍼와 아우구스트 케쿨레의 운명이 결정된 해입니다.

같은 고민을 하고 같은 결론을 내렸지만,
Archibald Scott Couper
내가 한발 빨랐지.

독일의 다름슈타트에서 태어난 케쿨레의 원래 전공은 건축학이었습니다.

대학 다니다가 화학 강의에 푹 빠져서 전공을 갈아탔어.
전공 바꾼다고 별 볼 일 있겠니?
두고 보라지.

박사 학위를 받은 후 유기화합물을 연구하던 그의 관심을 끈 건 에테인이었는데,

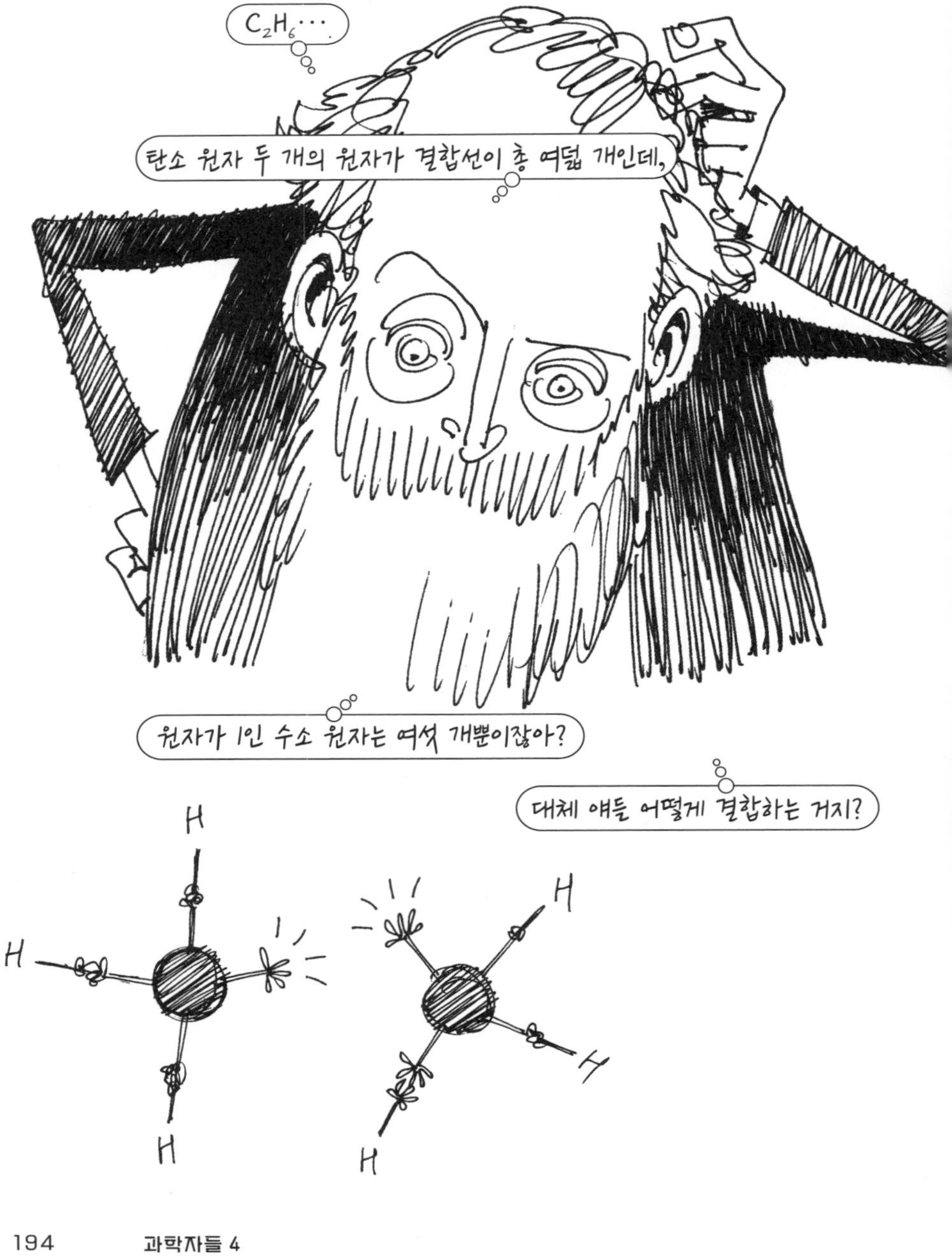
C_2H_6···
탄소 원자 두 개의 원자가 결합선이 총 여덟 개인데,
원자가 1인 수소 원자는 여섯 개뿐이잖아?
대체 얘들 어떻게 결합하는 거지?
H
H
H
H
H
H

고민 끝에 케쿨레는 탄소화합물의 결합 구조를 상상할 수 있었습니다.

탄소 원자들이 자기들끼리 결합하고,
다른 원자들과의 결합으로 사슬 모양의 분자를 만들어.
모양이 그럴싸한데?
건축학 전공한 경험을 살렸나?

그런데 거의 같은 시기에 영국의 화학자 쿠퍼도
유사한 연구 결과를 손에 쥐고 있었죠.

탄소의 원자가는 항상 4이고
자기들끼리 결합하면서,
다른 원자들과 결합해
사슬 구조를 만든다.
독일 사람 누구도
똑같은 얘길 하던데?
발표를 서둘러야겠네!

쿠퍼는 당시 자신이 파리에서 일하던 실험실의 뷔르츠 교수에게
논문 발표를 도와달라고 종용했지만,

교수님, 프랑스 과학 아카데미에 탁월하고 놀라운 제 논문을 서둘러 발표해 주셔야겠네요.
너무 탁월해서 깜짝 놀라면 안 되니까 좀 기다려봐.

케쿨레가 한발 빨랐습니다.

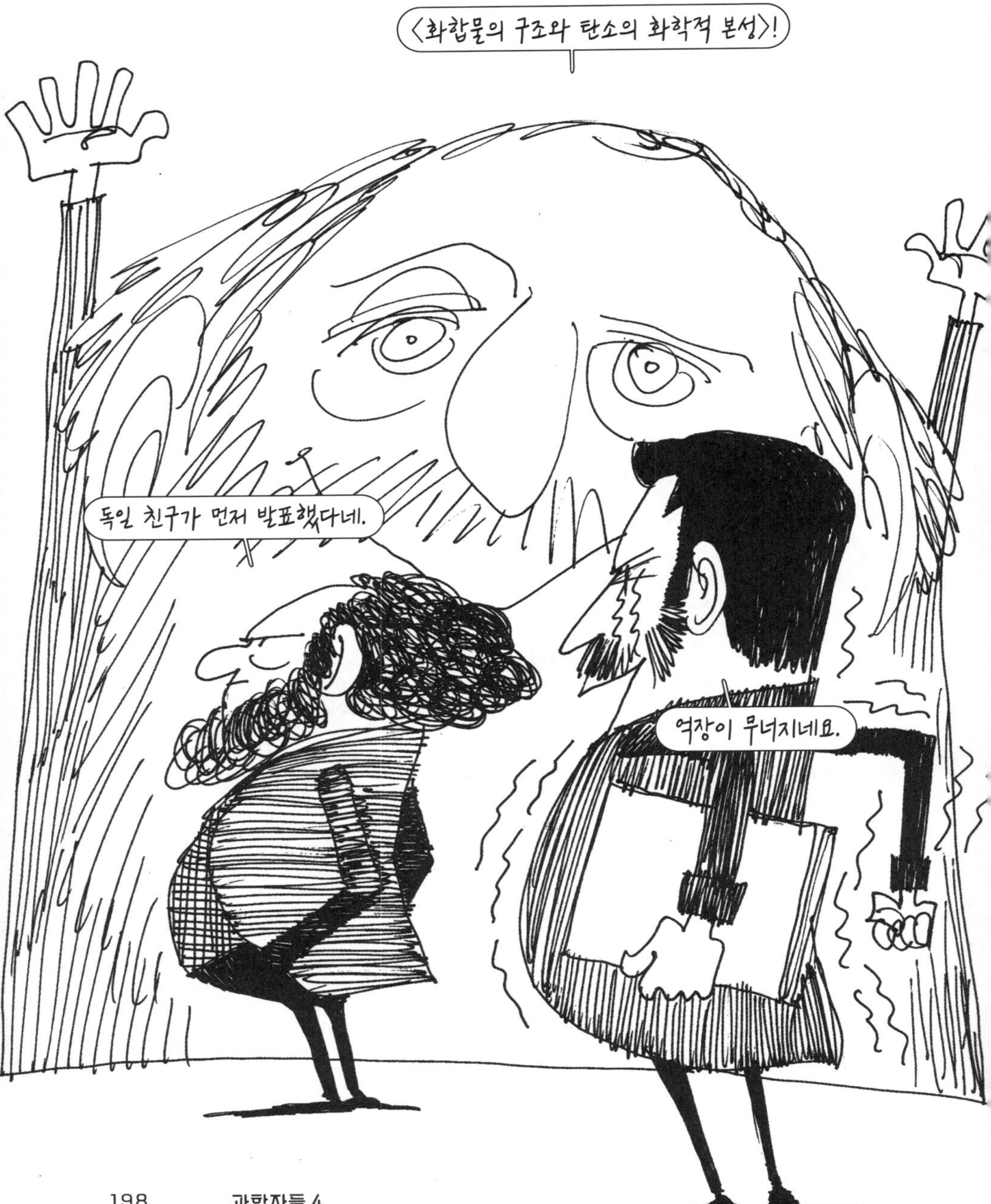
〈화합물의 구조와 탄소의 화학적 본성〉!
독일 친구가 먼저 발표했다네.
억장이 무너지네요.

논문을 발표한 그해에 벨기에 겐트 대학의 교수도 되었죠.

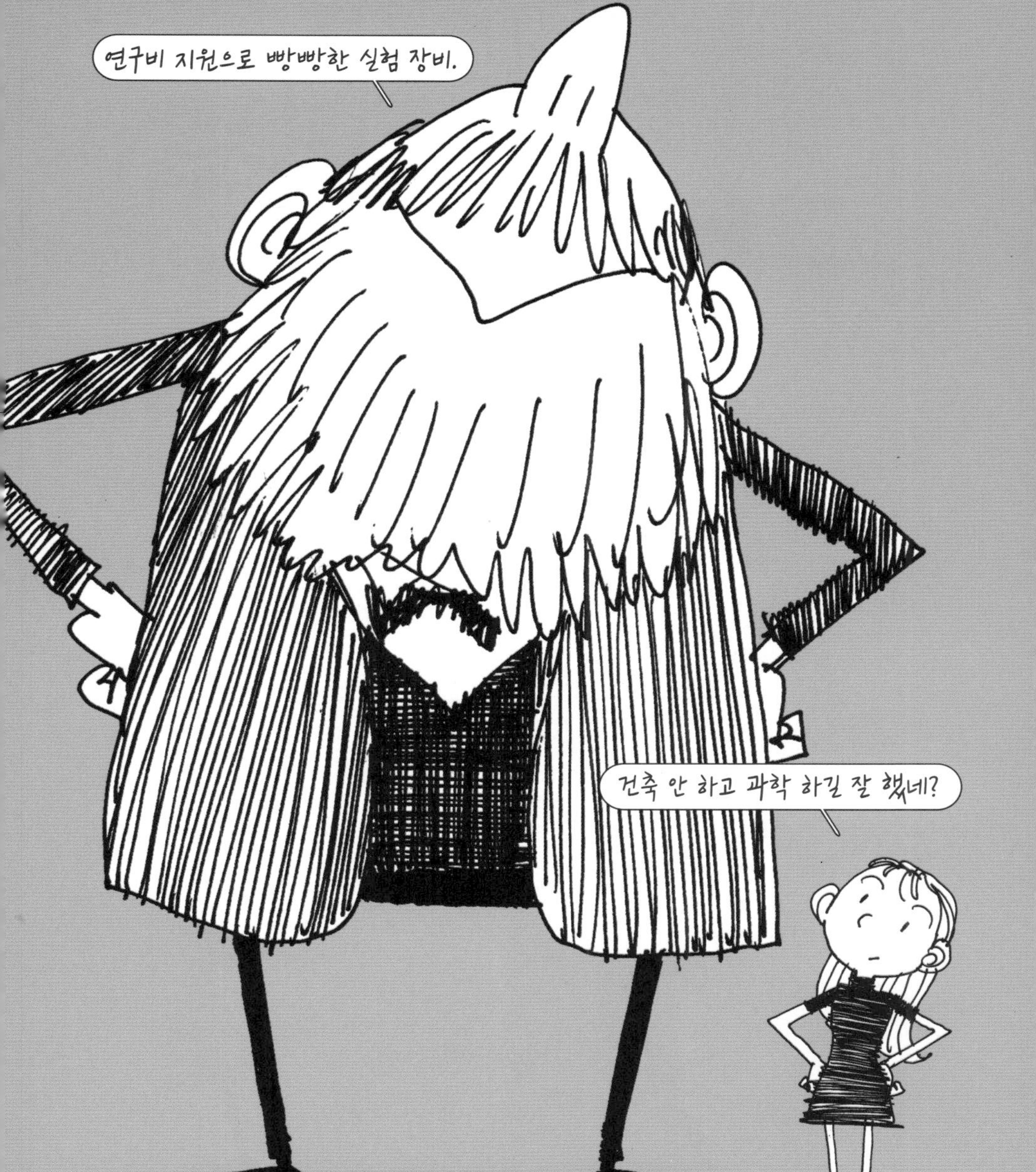
연구비 지원으로 빵빵한 실험 장비.
건축 안 하고 과학 하길 잘 했네?

케쿨레의 논문이 발표된 후 화학계의 발걸음이 더욱 빨라졌습니다.

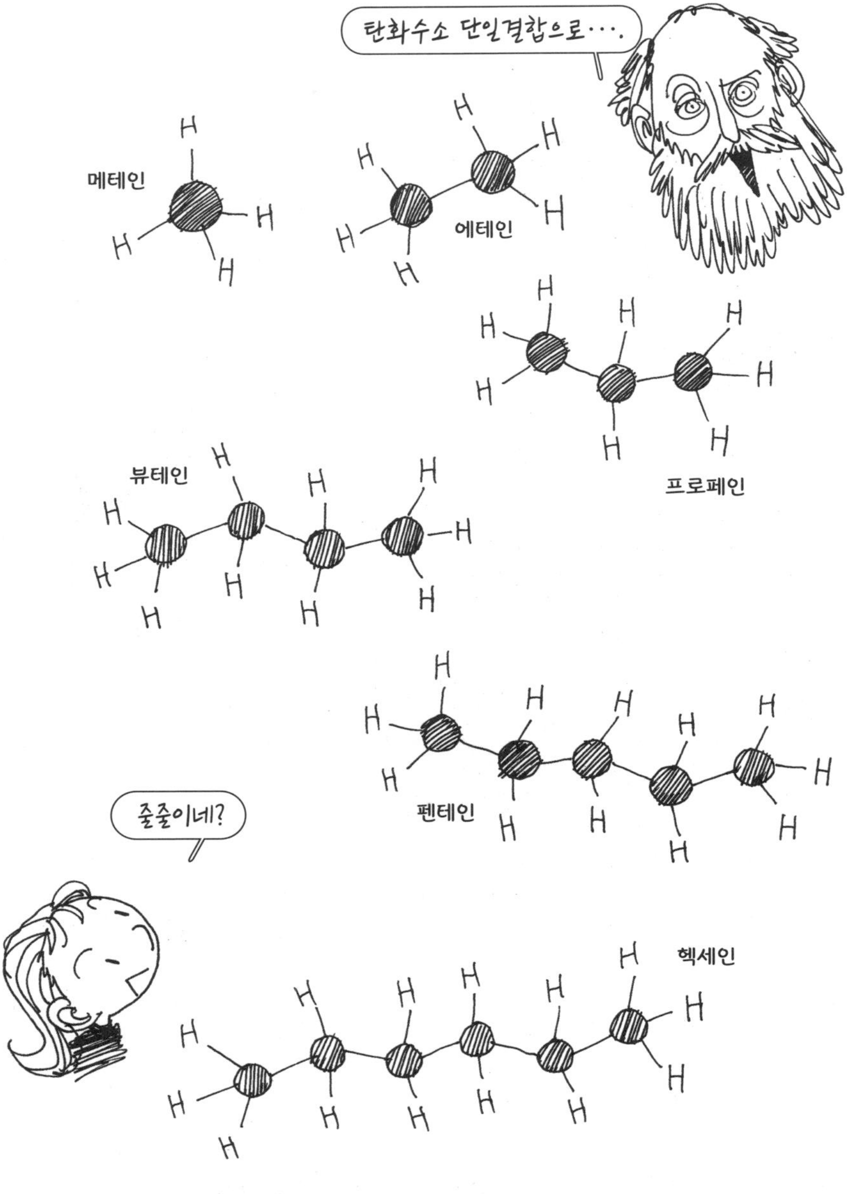

탄소화합물의 많은 구조가 풀려나갔습니다.

더 많이 더 많이….

H H O-H
H H
사슬에 히드록시기*(OH)가 붙은 알코올.
H O
O-H
H
사슬에 카복시기(COOH)가 붙은 카복실산.
H N H
H H
아미노기(NH2)가 붙은 아민.

* -기
화학반응에서 분해되지 않고 한 원자처럼 행동하는 원자들의 덩어리.

그런데 유독 한 가지 탄소화합물의 정체는 오리무중이었습니다.

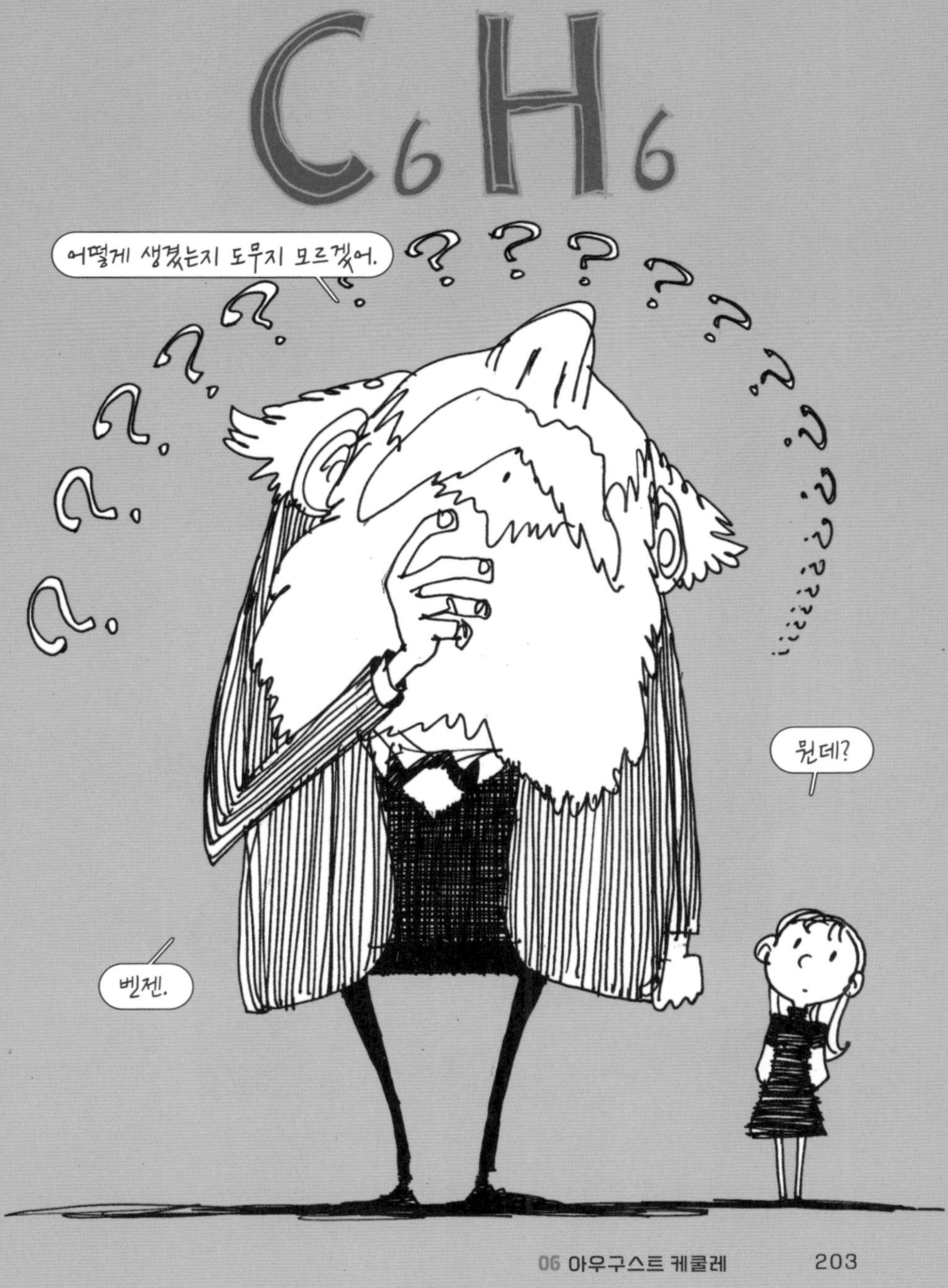
C6H6
어떻게 생겼는지 도무지 모르겠어.
뭔데?
벤젠.

벤젠은 무색, 가연성, 달콤한 향기가 특징인 물질로 벤졸이라고도 불렸는데,

1825년 패러데이가 고래 기름으로 만든 가연성 기체에서 발견.
Michael Faraday
1845년 독일 과학자 호프만이 콜타르에서 추출한 물질에 이름을 붙임.
August Wilhelm von Hofmann

탄소와 수소 원자를 이리저리 붙여보며 상상해도 만족할 만한 모형이 나오지 않았습니다.

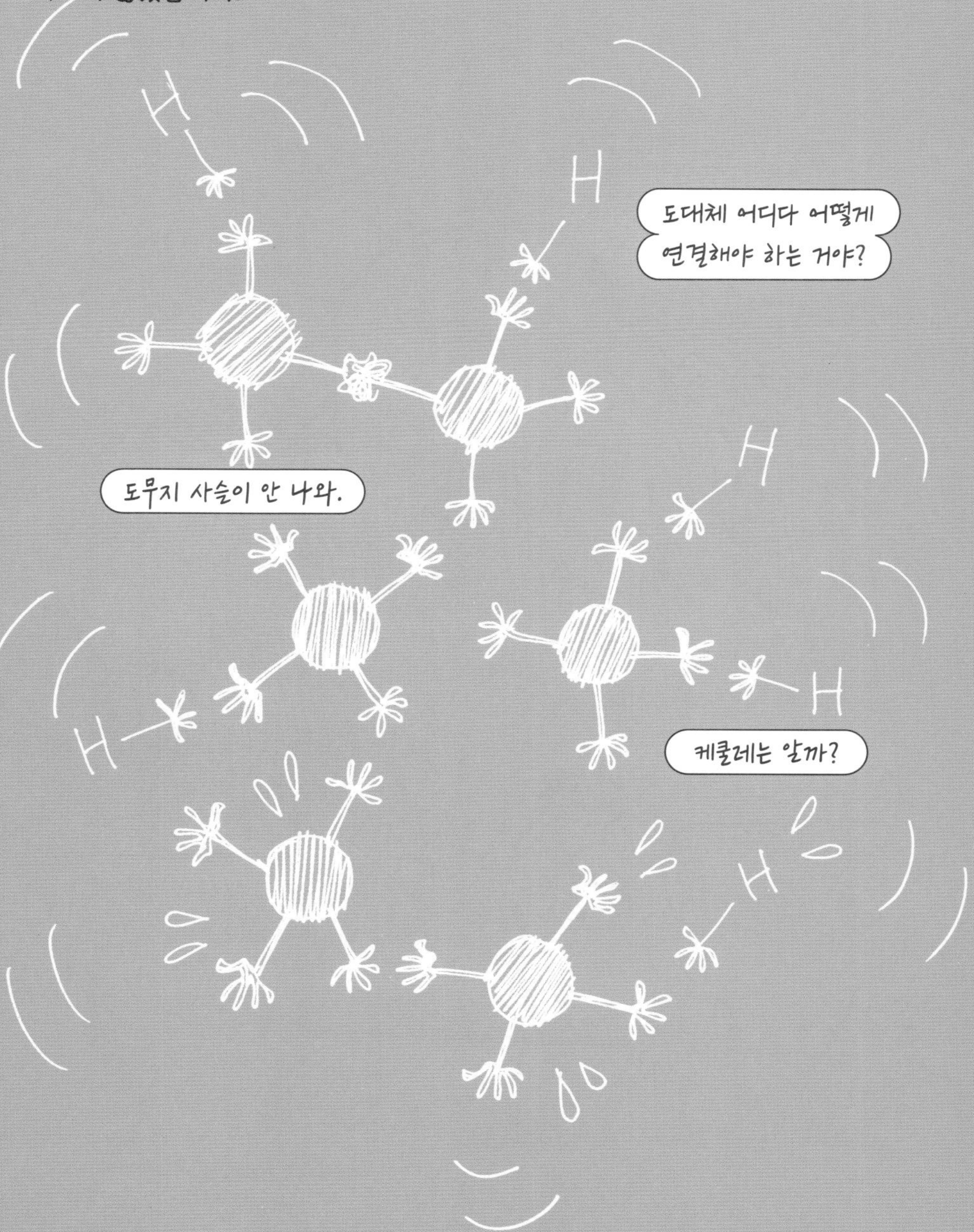
H
H
도대체 어디다 어떻게 연결해야 하는 거야?
도무지 사슬이 안 나와.
H
H
H
케쿨레는 알까?
H

케쿨레 역시 그 문제에 매달렸지만 쉽지 않았습니다.

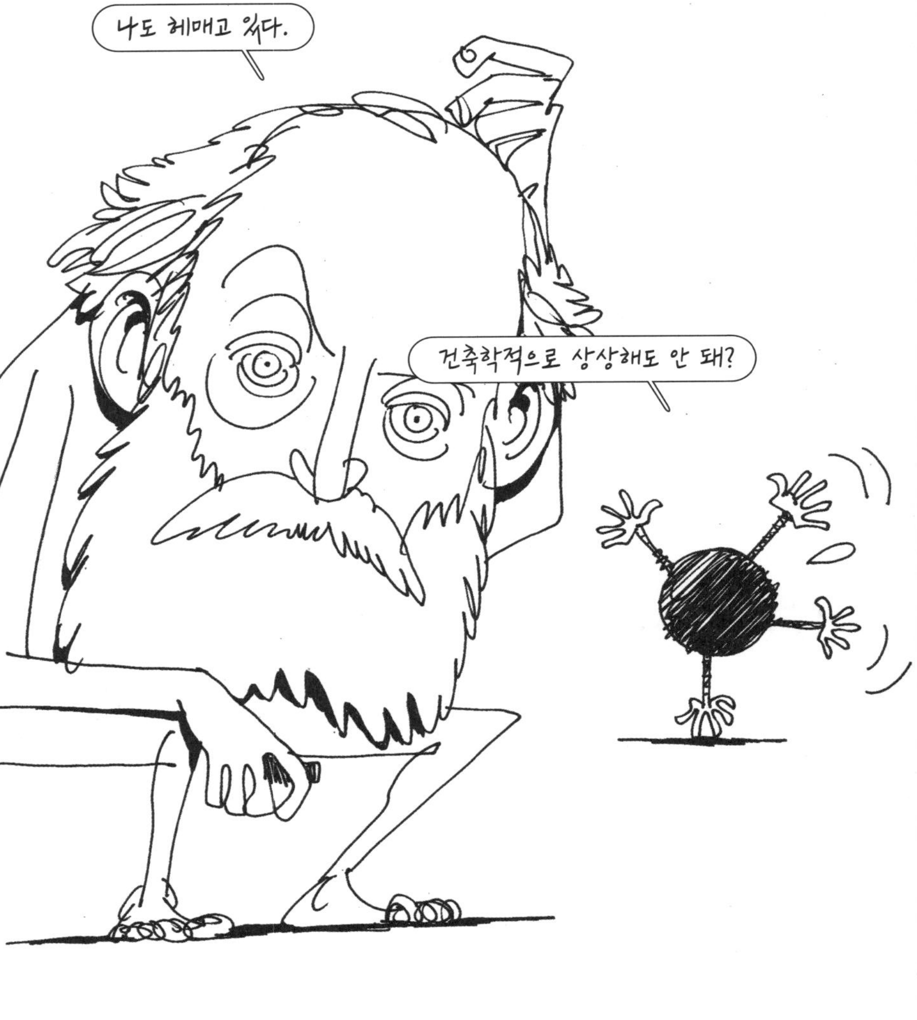
나도 헤매고 있다.
건축학적으로 상상해도 안 돼?

그런데 1865년 어느 날 그에게 영감을 준 것은 꿈이었습니다.

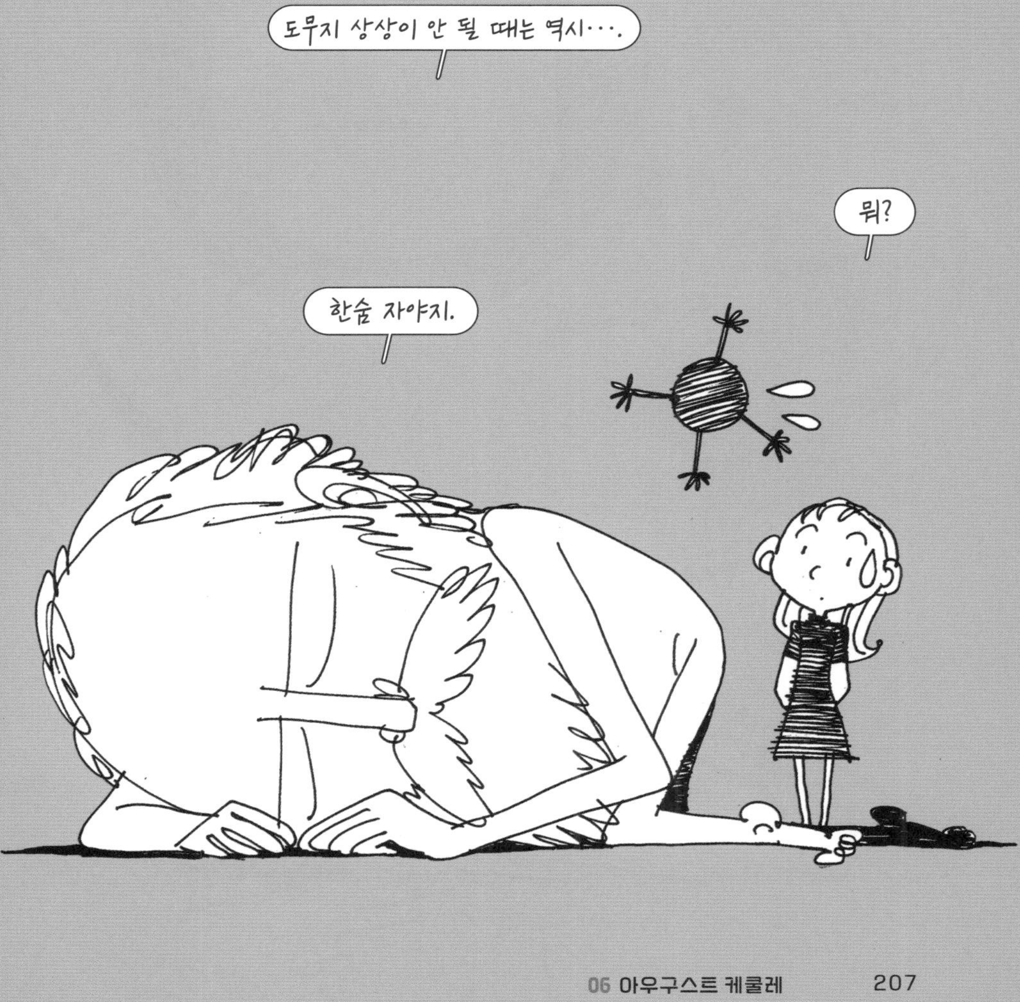
도무지 상상이 안 될 때는 역시….
뭐?
한숨 자야지.

케쿨레는 꿈속에서 뱀이 자기 꼬리를 물고 맴도는 광경을 보았습니다.

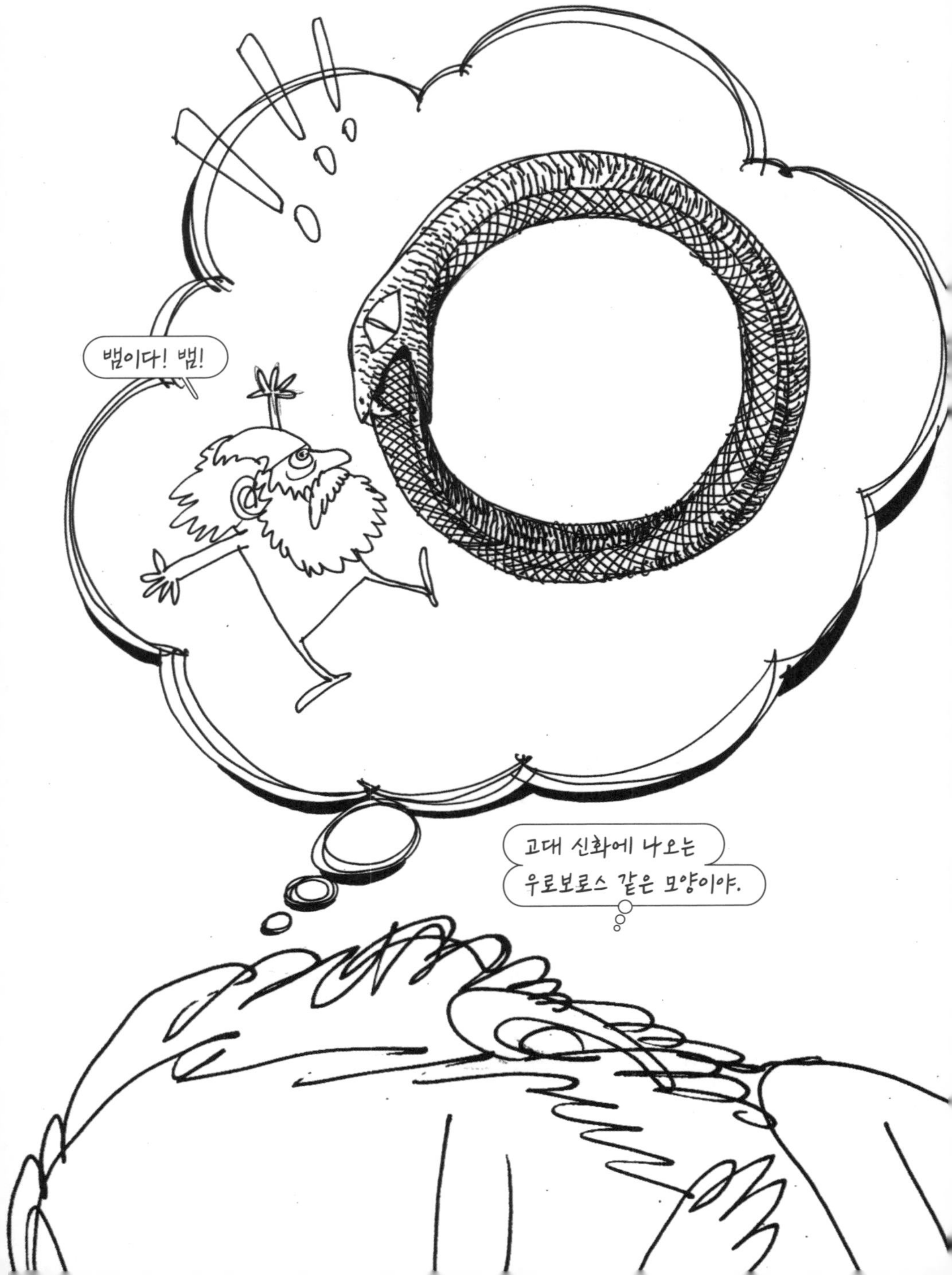
!!
뱀이다! 뱀!
고대 신화에 나오는
우로보로스 같은 모양이야.

선잠에서 깬 다음 그 뱀의 형상을 따라 탄소 원자들을 배열해 보았죠.

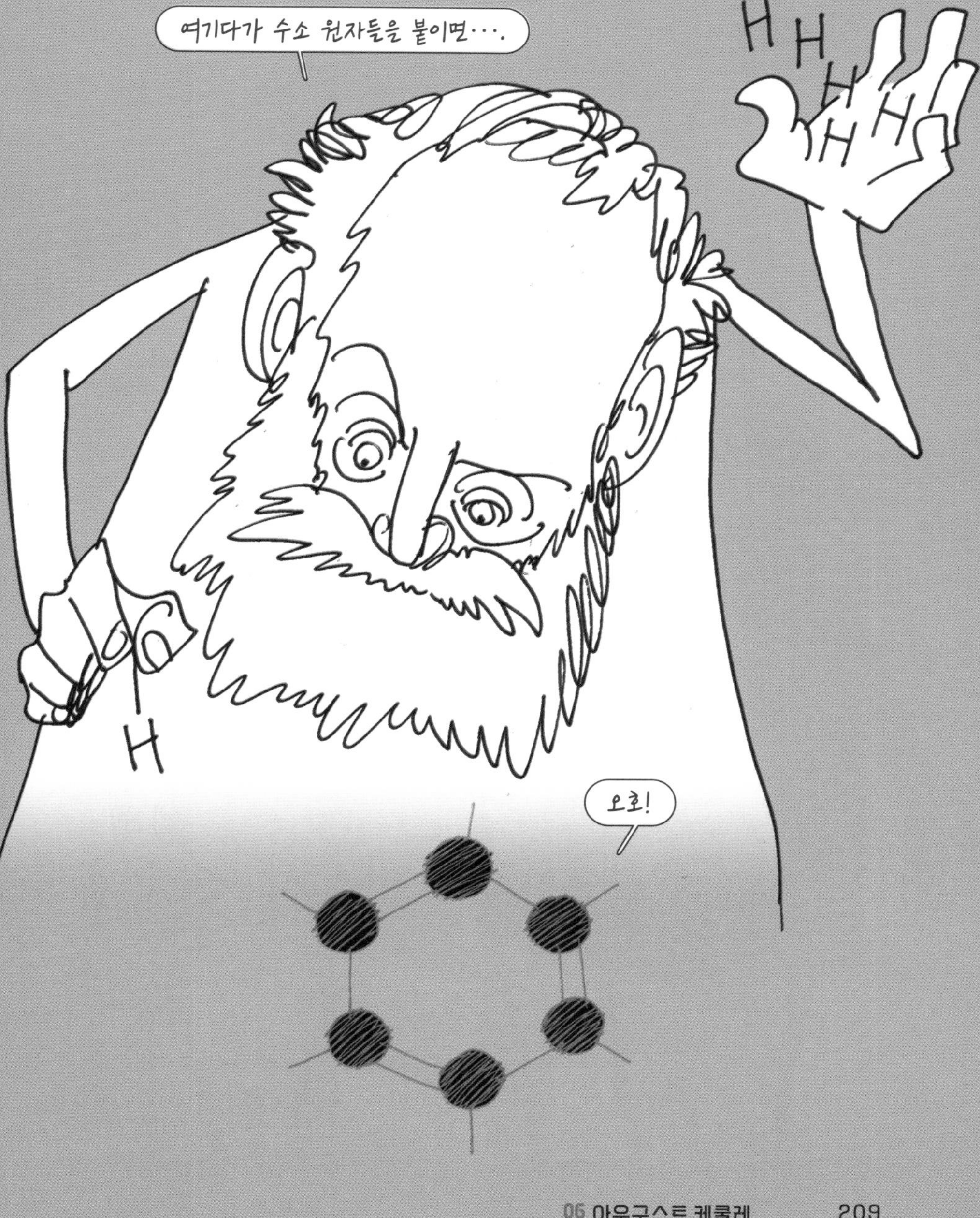
여기다가 수소 원자들을 붙이면….
H
H
H
H
H
H
H
오호!

그 결과 분자식과 딱 들어맞는 구조의 벤젠 고리 모양이 만들어졌습니다.

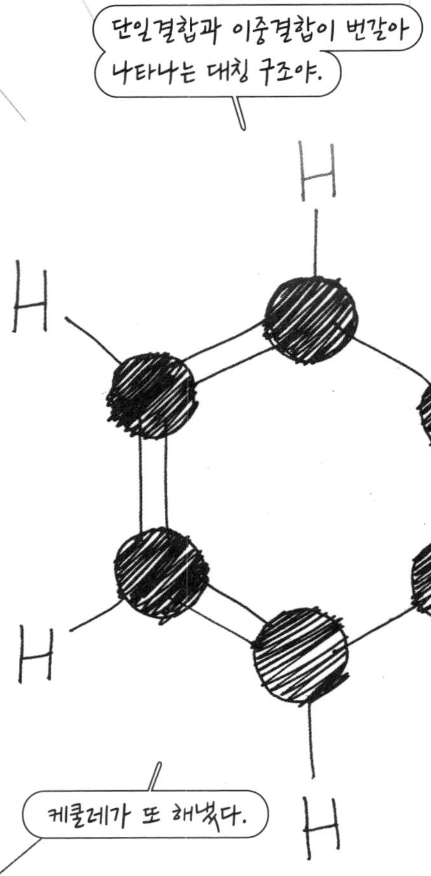
단일결합과 이중결합이 번갈아 나타나는 대칭 구조야.
H
H
H
H
H
H
케쿨레가 또 해냈다.

벤젠 고리를 포함한 화합물들은 이후 방향족화합물(aromatic compounds)로 명명되었습니다.

페놀
톨루엔
아닐린
얘들은 독특한 향기가 나.

그리고 고리에 붙는 물질의 위치가 달라지면 성질이 다른 방향족화합물이 만들어진다는 사실도 발견했습니다.

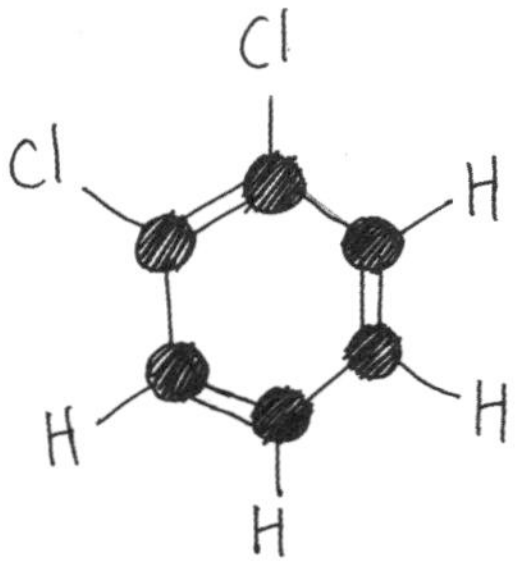

오쏘-다이클로로벤젠

메타-다이클로로벤젠

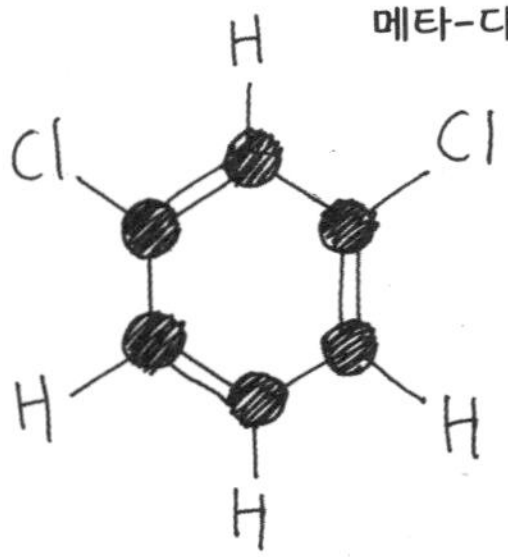

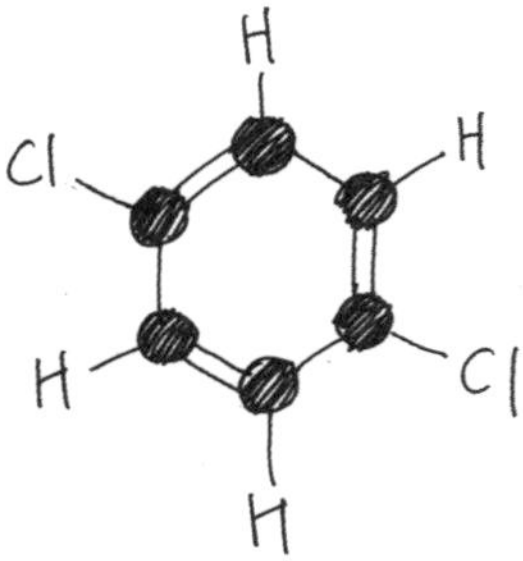

파라-다이클로로벤젠

* **이성질체**
분자식은 같지만 물리적·화학적 성질이 동일하지 않은 화합물.

1867년부터 독일의 본 대학으로 자리를 옮긴 케쿨레는 세상을 떠날 때까지 후진 양성에 힘을 쏟았습니다.

스승님, 뛰어난 과학자가 되려면
어떻게 해야 하죠?
꿈을 잘 꿔야지.

노벨 화학상이 제정된 다음 첫 번째부터 다섯 번째까지 수상자들 중

세 명이 케쿨레의 제자들이었습니다.

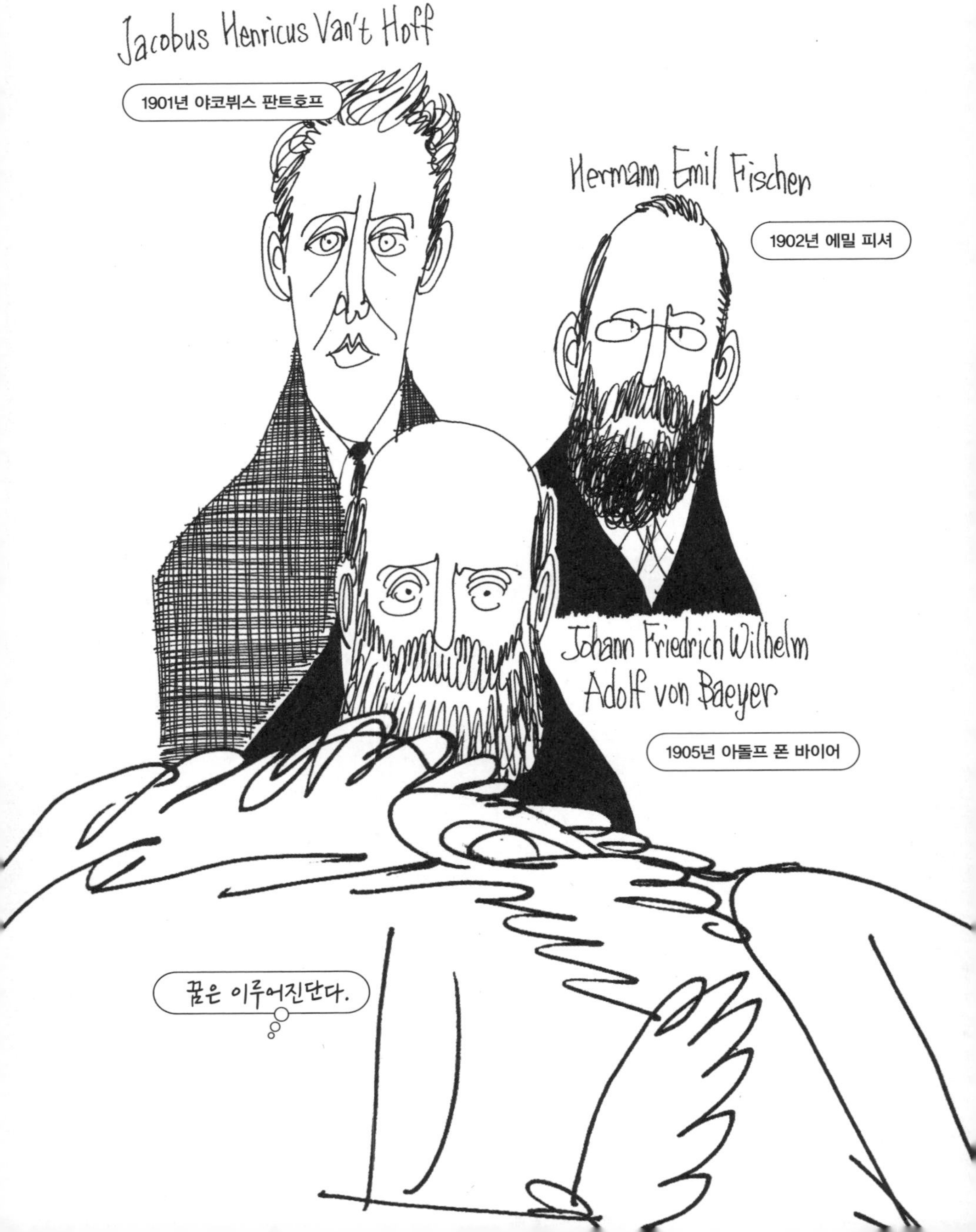

07

아름다운 원소들의 오케스트라

드미트리 멘델레예프

Dmitrii Mendeleev (1834~1907)

러시아의 화학자. 원자량에 따른 원소 배열의 규칙을 찾아내고 주기율표를 발표했다. 주기율표는 새로운 물질의 성질을 예측하고, 원자 구조를 이해하는 데 큰 도움이 되었다.

오늘날 여느 과학실 한쪽 벽에

꼭 붙어 있는 것이 원소주기율표입니다.

화학을 이해하는 기본 지식을 제공하며

현대 과학의 나침반 역할을 하는 주기율표를 만들어

원소들의 규칙을 밝힌 사람은

러시아 출신의 드미트리 멘델레예프입니다.

1834년 러시아의 동토 시베리아의 어느 마을에서 훗날 화학 역사를 뒤바꿀 한 아이가 태어났습니다.

응애!
너희 엄마 또 아기 낳았다.
아이고, 열세 번째여? 열네 번째여?

아이는 어머니의 헌신적인 교육열에 힘입어 우등생으로 자랐는데,

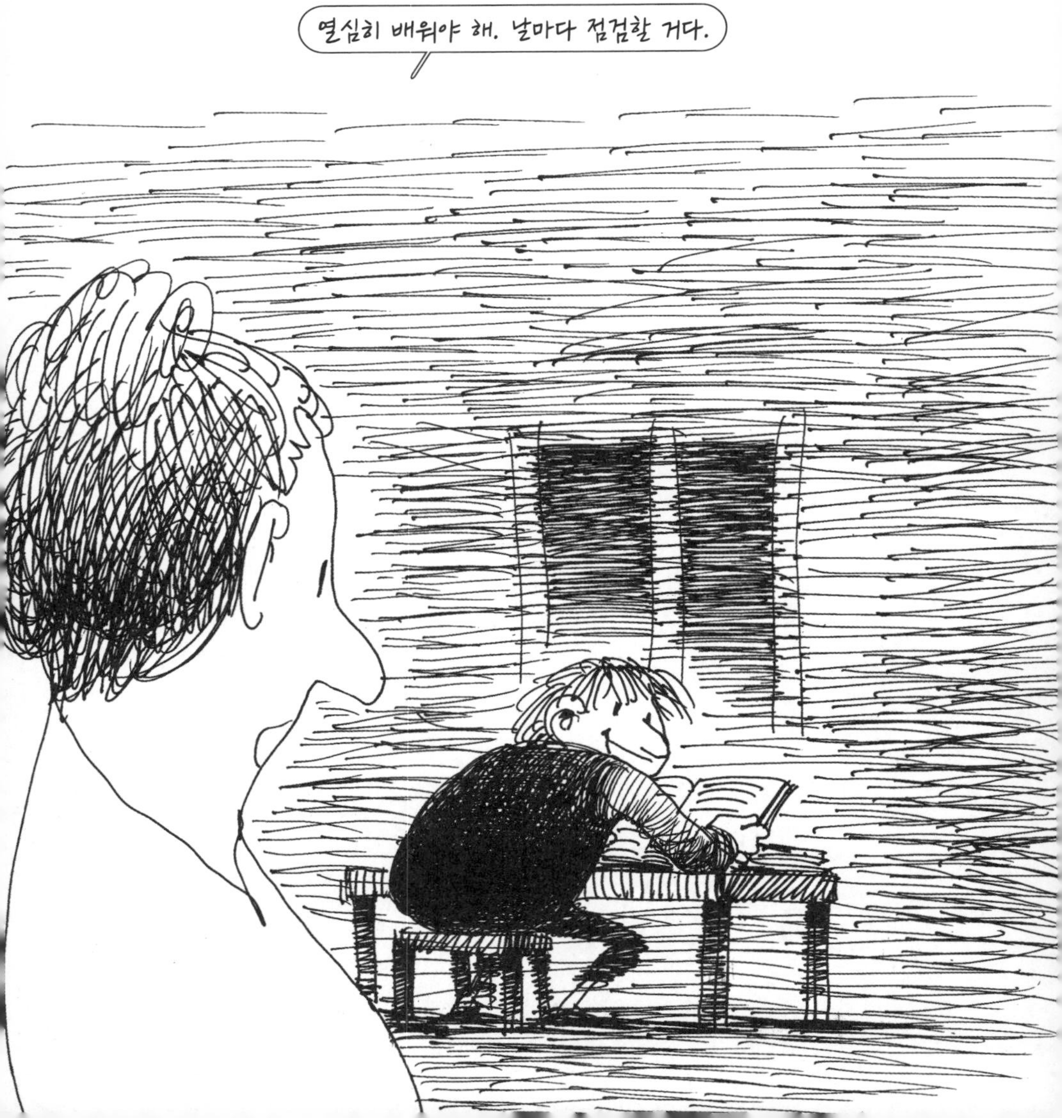
열심히 배워야 해. 날마다 점검할 거다.

열네 살 때 아버지가 사망하고 어머니가 운영하던 유리 공장에
불이 나자 크게 상심했습니다.

활활!
라틴어 교과서를 왜 불태우는 거니?
비뚤어질 거예요.

하지만 어머니는 아들의 장래를 포기하지 않았습니다.
집 싸라. 모스크바로 이사 가게.
고등학교 성적이 나빠서
모스크바에 들어갈 대학이 없대요.
집 싸라. 상트페테르부르크로 이사 간다.
거기 가면 갈 대학 있어요?
상트페테르부르크 대학 부속
사범학교 학장이 네 아버지 친구란다.

그런데 소년은 대학에 입학하자마자 또다시 어머니를 잃는 슬픔을 겪었습니다.
자신을 위해 헌신한 어머니의 죽음은 소년의 마음가짐을 바꾸어놓았습니다.

반드시 과학자로 성공해서
은혜에 보답할게요!

비장한 각오로 공부하여, 대학을 수석으로 졸업한 그는 시골 중학교에서 잠시 교사로 근무하다가 더 큰 꿈을 위해 유학길에 올랐습니다.

프랑스와 독일에서 유학했어.
GERMANY
FRANCE

1865년 모교인 상트페테르부르크 대학의 화학 교수가 되어
본격적인 연구에 매진했습니다.

머리 기르고 수염 기른
저 범상치 않은 사람 누구야?
새로 부임한 드미트리 멘델레예프 교수님이셔.

당시 화학자들의 주요 관심사는 원소들의 분류와 주기적인 특성에 관한 것이었습니다.

얘들을 어떻게 하면 종류별로 분류할 수 있을까?
린네는 생물을 분류했으니까 화학자들도 분발해야지.
비슷한 성질들이 주기적으로 반복되는 거 같은데 말이야.

독일의 요한 볼프강 되베라이너는 원소들을 화학적 성질이 비슷한 것들끼리 묶어보았고,

염소, 브로민, 아이오딘.
리튬, 소듐, 포타슘.
칼슘, 스트론튬, 바륨.
Johann Wolfgang Döbereiner
인, 비소, 안티모니.
황, 셀레늄, 텔루륨.
세 개씩 묶였어. 하하하.
어떻게 묶였어?
어쩌다 보니 묶였어. 하하하.

1862년 프랑스 지질학자 알렉상드르에밀 베귀에 드 샹쿠르투아는 원소들을 원기둥에 나선형으로 배열해 봤습니다.

원자량 순서로 이렇게 두면
비슷한 성질의 원소들이 수직으로 정렬돼.
Alexander-Émile Béguyer de Chancourtois
과학실에 기둥 세워야겠네.
Li
Be
C
O
Na
Mg

1864년에는 영국의 존 뉴랜즈가 '옥타브 법칙'이라는 걸 발표하기도 했죠.

원소들을 원자량에 따라
순서대로 배열해 봤더니,
원소들이 일곱 개를 주기로
성질이 변하더란 말이야.
H Li Be B C N O F Na Mg Al Si P S
Cl K Ca
푸하하! 과학이 음악이냐?
차라리 알파벳 순서대로
늘어놓지 그랬냐?

멘델레예프도 원자량에 따른 원소들의 배열에 어떤 규칙이 있을 거라고 확신하고 면밀히 살폈습니다.

열심히 연구해서 꼭 성공하자.
어머니께서 보고 계신다.

원소 이름과 주요 성질을 적은 카드들을 벽에 꽂아가며 집요하게 매달렸죠.

나트륨과 칼륨은 물과 격하게 반응해.
C
N
O
F
Na
Mg
Si
P
Cl
K
Ca
Br
염소, 플루오린, 브로민은
나트륨, 칼륨과 1:1로 결합해.
탄소와 규소는 두 개의 산소와 결합해.

그렇게 고심을 거듭한 끝에 드디어 만족할 만한 표를 완성했습니다.

교수님, 밤잠 설치가며 열심히 하시더니 드디어 해내셨군요.
중간에 꿈도 꿨어.
무슨 꿈요?
어머니랑 카드놀이 하는 꿈.

1869년 멘델레예프가 발표한 주기율표는 놀라웠습니다.

그런데 더욱 놀라운 점이 있었습니다.

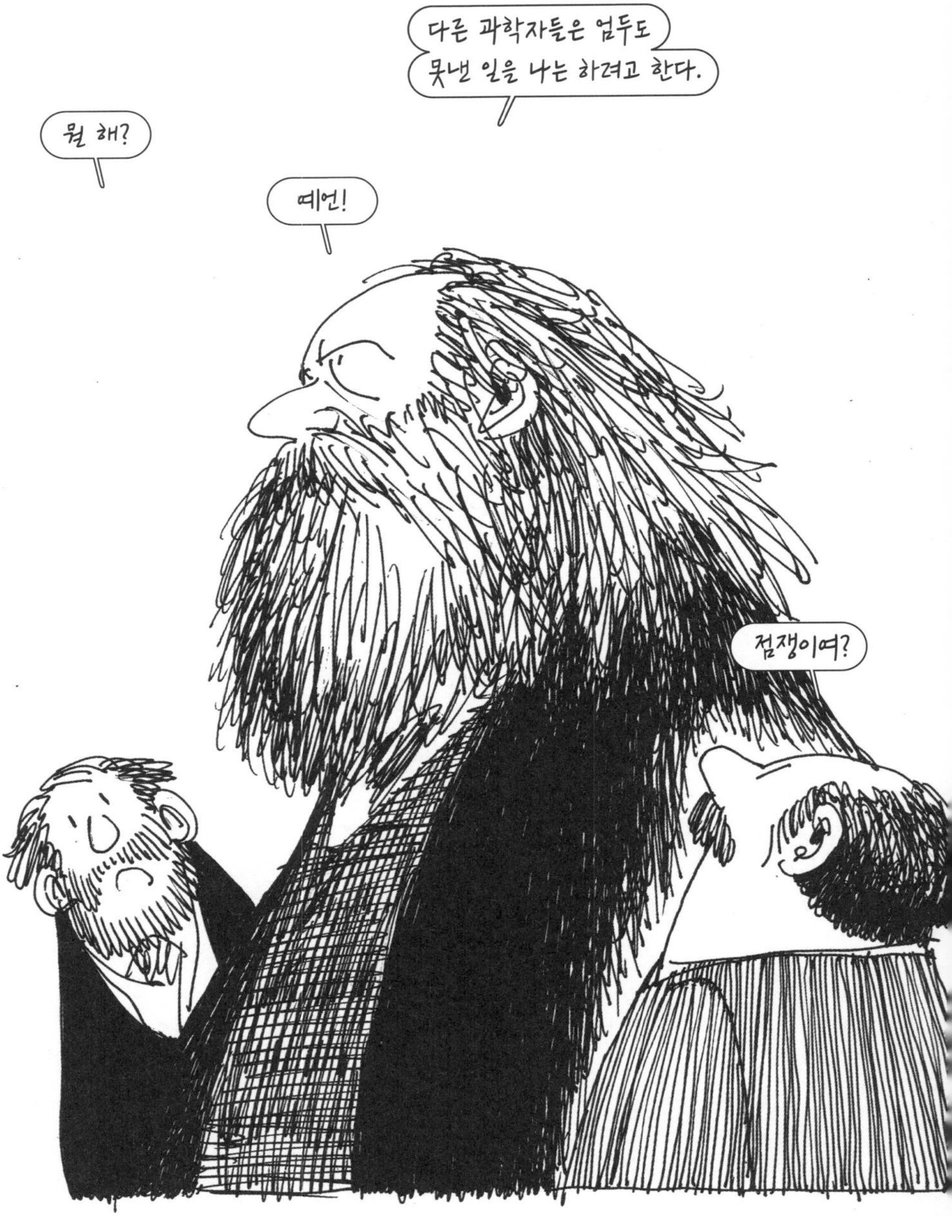
다른 과학자들은 엄두도
못낸 일을 나는 하려고 한다.
뭘 해?
예언!
점쟁이여?

멘델레예프의 주기율표에는 마땅한 원소를 찾지 못한 빈자리가 있었는데
그건 결코 결함이 아니었습니다.

그는 빈자리에 해당하는 원소들이 언젠가 발견될 거라 예상하고 가상의 이름을 붙였습니다.

eka- boron
가칭 에카붕소, 에카알루미늄, 에카망가니즈, 에카규소 등이야.
eka- aluminum
eka- manganese
에카는 산스크리트어로 숫자 1을 뜻해.
eka- silicon
원자량과 밀도 등 성질도 예언했어.

일부 과학자들은 황당한 예언이라고 힐난했지만,

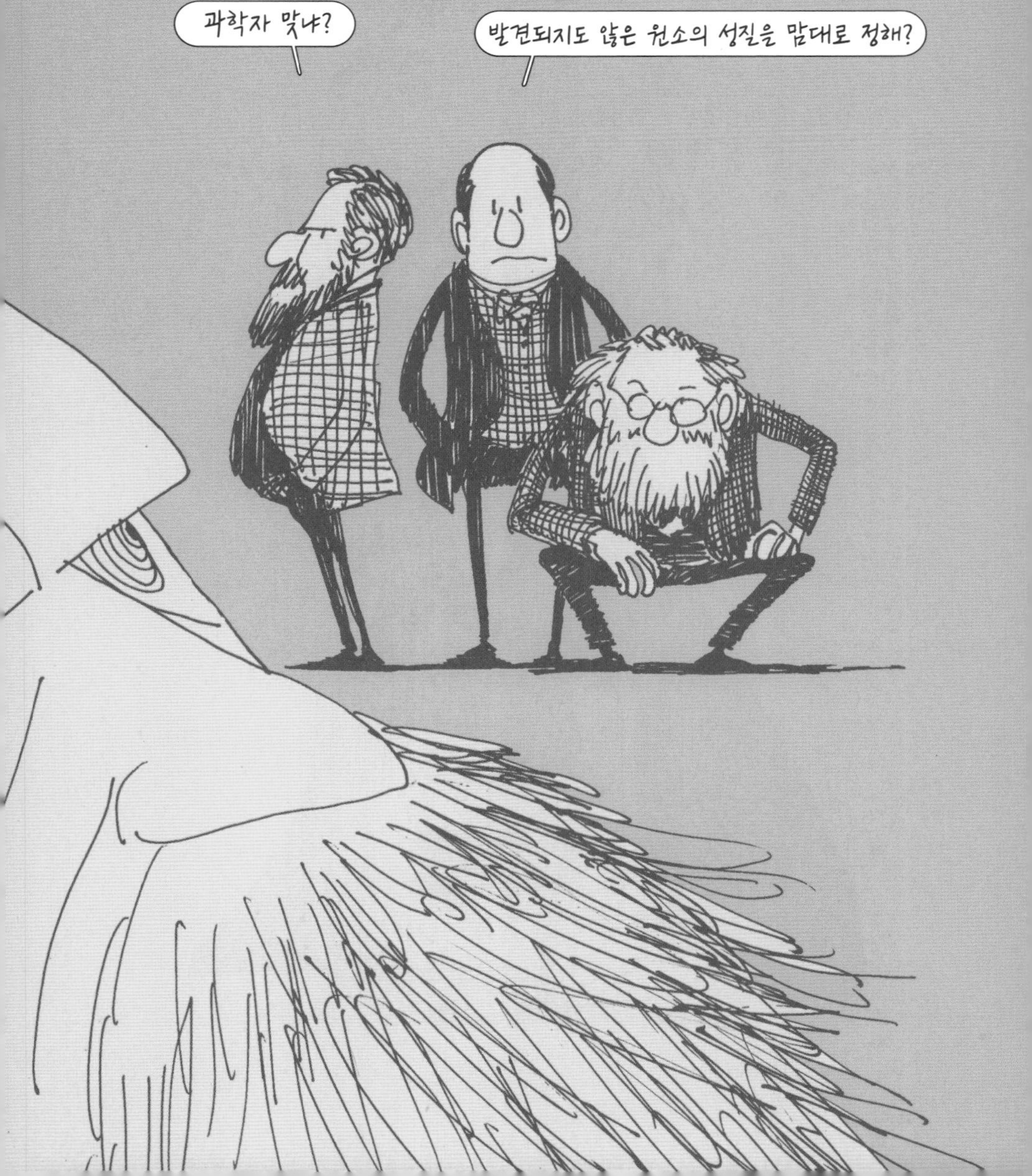
과학자 맞냐?
발견되지도 않은 원소의 성질을 맘대로 정해?

세월이 흐르면서 결국 빈칸들은 차례차례 채워졌습니다.

1879년 스웨덴의 라르스 닐손이 스칸듐을 발견했습니다.

에카알루미늄으로 예언한 원소는 1875년 프랑스의 부아보드랑이 발견했고,

나는 갈륨 발견!
프랑스의 옛 라틴어 명칭 갈리아에서 땄지.
그런데 내가 처음 계산했을 땐 밀도가 4.7g/cm³, 멘델레예프가 예언한 밀도는 5.91g/cm³였거든.
예언이 틀렸어?
다시 계산해 보니 예언이 맞았어.

1886년에는 독일의 클레멘스 빙클러가 에카규소에 해당하는 원소를 분리하는 데 성공했습니다.

독일의 라틴어 명칭 게르마니아를 따서
저마늄(germanium)이라고 명명했어.
Clemens Alexander Winkler
성질은?
멘델레예프가 예언한 대로야.

사정이 그러하자 과학자들은 예언된 에카망가니즈를 찾느라 분주했습니다.

먼저 찾는 사람이 임자다!
1896년 바리에르
찾았다. 이름은 루숨이라고 붙여.
그거 불순한 이트륨이야.
1908년 일본의 오가와 마사타카
찾았다. 이름은 니폰늄!
아니거든.
1925년 독일의 노다크
찾았다. 마수륨!
웃기시네.

결국 1937년에 이르러서야 이탈리아의 카를로 페리에와 에밀리오 세그레가 인공적으로 만들어내면서 발견되었습니다.

인공으로 만든 최초의 원소야.
그래서 이름은 테크네튬!
43
98.907
Tc
Carlo Perrier
Emilio Gino Segrè
Technetium
자연에는 극미량으로 존재해.

물론 그때 만든 주기율표가 완벽한 건 아니었습니다.

과학에 100%가 어디 있나?
잘 아시네.
말 나온 김에 한 가지 지적하자면, 선생은 텔루륨의 원자량을 123과 126 사이에 두었죠?
그런데?
텔루륨의 원자량은 127.6으로 126.9인 아이오딘보다 커요.

원자량을 사용해 배치하다 보니 텔루륨과 아이오딘의 순서를 잘못 정했고, 당시까지 전혀 알려지지 않았던 비활성기체를 위한 자리를 만들지 않았죠.

나중에 비활성기체에 해당하는 원소들이 발견되자,

1894년 아르곤 발견.
1898년 스코틀랜드 화학자 윌리엄 램지가 네온, 크립톤, 제논 발견.
Xe
Kr
Ne
William Ramsay

1902년 멘델레예프는 그것들을 18족에 포함하면서 주기율표를 수정했습니다.

이 정도면 과학 교과서 맨 앞에 쓸 수 있겠지?
16 17 18
He
F Ne
맨 뒤는 어때요?

주기율표를 만들어 원소의 성질과 원자구조를 이해하는 단초를 제공한 멘델레예프는 1907년 일흔세 살에 생을 마감하고 어머니 곁에 묻혔습니다.

어머니, 이만하면 잘했죠?

1955년 101번째 원소가 발견되었을 때 과학자들은 멘델레예프의 업적을 기려 원소에 그의 이름을 붙였습니다.

08

이온결합

베르셀리우스와 아레니우스

Jöns Jacob Berzelius (1779~1848)
Svante Arrhenius (1859~1927)

베르셀리우스는 스웨덴의 화학자로 반대 전하를 띠는 원소들 간의 정전기적 인력으로 화합물이 만들어진다는 이론을 주장했다. 아레니우스는 스웨덴의 화학자로 전압을 가하지 않아도 용액 속에 이온이 존재할 수 있다는 사실을 밝혀냈다.

과학자들이 화학결합에 관심을 갖기

시작한 건 19세기부터입니다.

원자 사이의 힘을 설명하기 위해서였죠.

분자가 어떻게 만들어지는지

답을 제시한 사람은

옌스 야코브 베르셀리우스였습니다.

그는 양이온과 음이온이 결합하면서

다양한 분자가 만들어진다고 생각했습니다.

이 생각은 패러데이를 거쳐

스반테 아레니우스를 통해

이온화에 대한 이해로 거듭나게 되었습니다.

화학이 흥미로운 이유 중 하나는 원자들 간의 무궁무진한 결합 때문입니다.

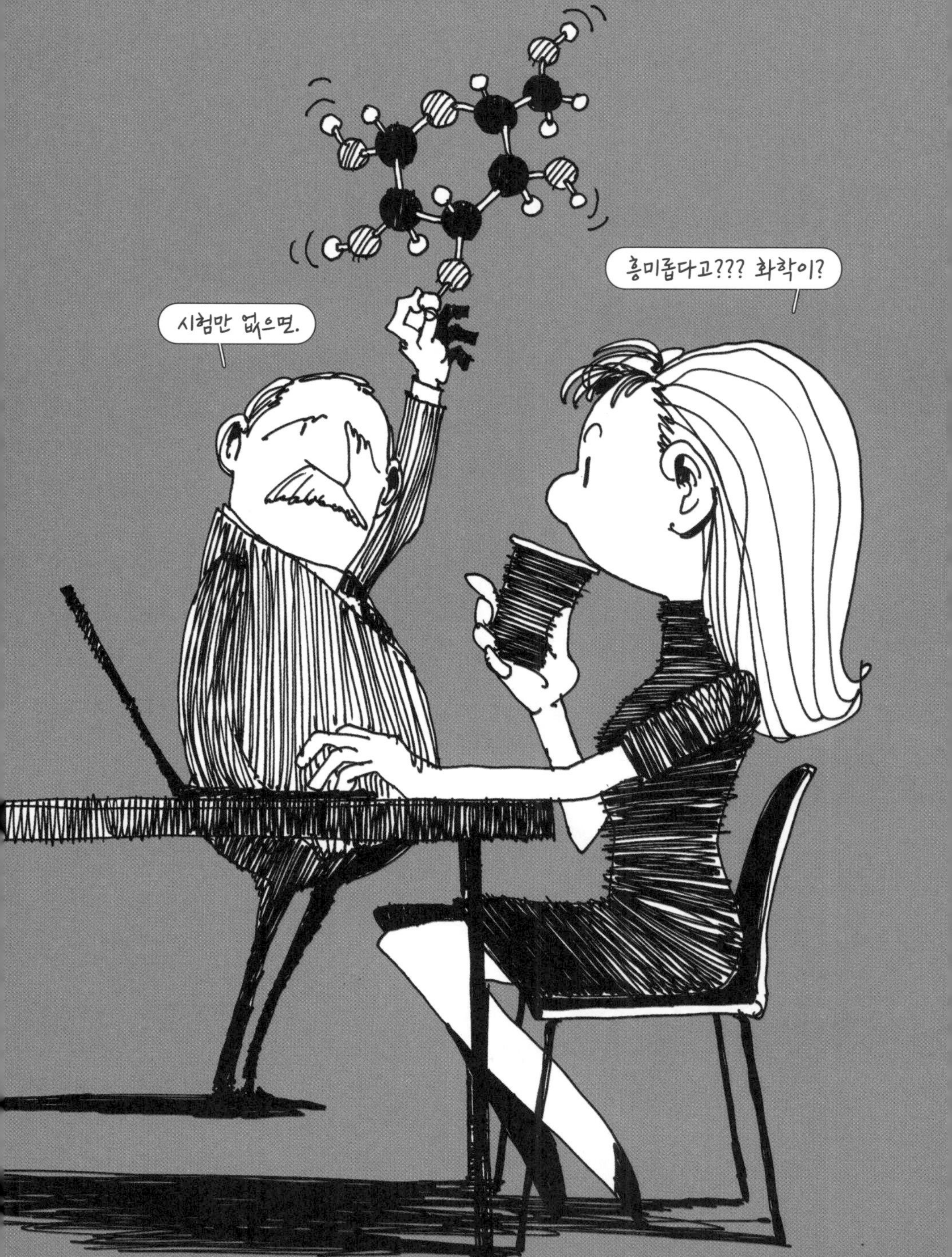
흥미롭다고??? 화학이?
시험만 없으면.

자연 상태의 거의 모든 원소는 원자들이 결합한 화합물 형태로 존재합니다.

OXYGEN
O O
산소 기체는 원자 아냐?
산소 원자 두 개가
결합한 분자래.

화합물은 수소나 산소 같은 간단한 기체에서부터 단백질 같은 고분자화합물에 이르기까지 다양합니다.

이것도?
저것도?
나도?

화학결합은 그야말로 세상의 물질을 구성하는 원리인 셈입니다.

뭉치자!
뭉쳐서 공기도 만들고
땅도 만들고 물도 만들자!
식물도 만들고 동물도 만들자.
플라스틱도 만들자.

원자들이 뭉치려고 하는 이유는 사람 사는 세상의 이치와 비슷합니다.

외로워서?
혼자 있으면 무서워서?
불안해서?
홀로 있는 건 안정된 상태가 아니라서.
내가 맞힌 거네?
화학, 별거 아니죠?
근데 원자는 뭐가 불안한 거야?

이해를 돕기 위해 원자구조를 살펴볼까요?

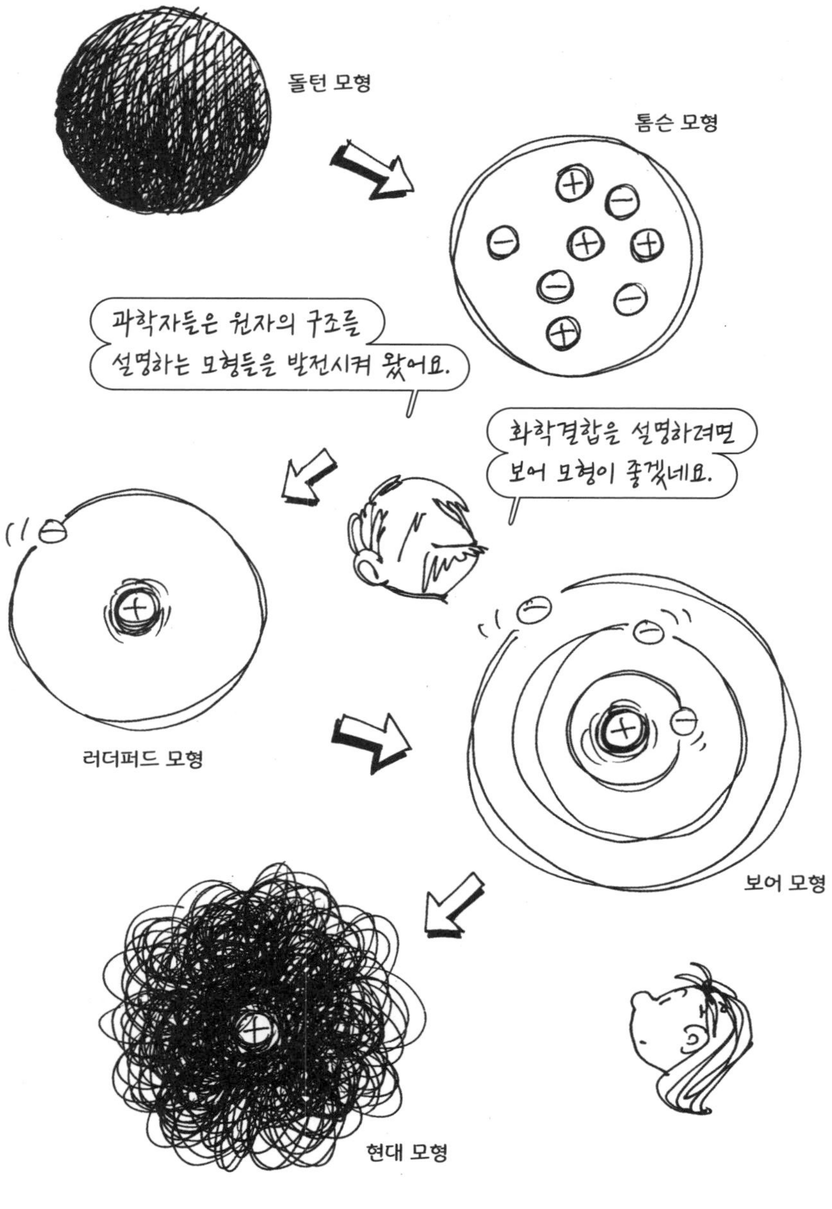
돌턴 모형
톰슨 모형
과학자들은 원자의 구조를 설명하는 모형들을 발전시켜 왔어요.
화학결합을 설명하려면 보어 모형이 좋겠네요.
러더퍼드 모형
보어 모형
현대 모형

원자는 양성자와 중성자를 포함한 원자핵 주변의 궤도에 전자가 배열된 모양입니다.

어느 궤도에 속한 전자가
다른 궤도로 이동하는 건 불연속적이에요.
느닷없이 출몰한다고?
전자라는 게 좀 묘한 구석이 있거든요.
그럼 양성자들은 어떻게
반발하지 않고 뭉쳐 있는 거야?

그건 전자기력보다 훨씬 센 **강력*** 때문인데
5권에서 알아보기로 하죠.

* **강력**
강한 핵력. 양성자와 중성자를 결합하여 원자핵을 이루고 있는 힘.

화학에서는 전자가 위치하는 에너지준위를 나타내는 개념으로 전자껍질이라는 용어를 사용합니다.

에너지준위는 뭐야?
electron shell
그것도 다음에,
지금은 화학결합 먼저….
자꾸 그래….

첫 번째 껍질에 전자 두 개, 그다음 껍질부터는 여덟 개씩 전자가 채워지죠.

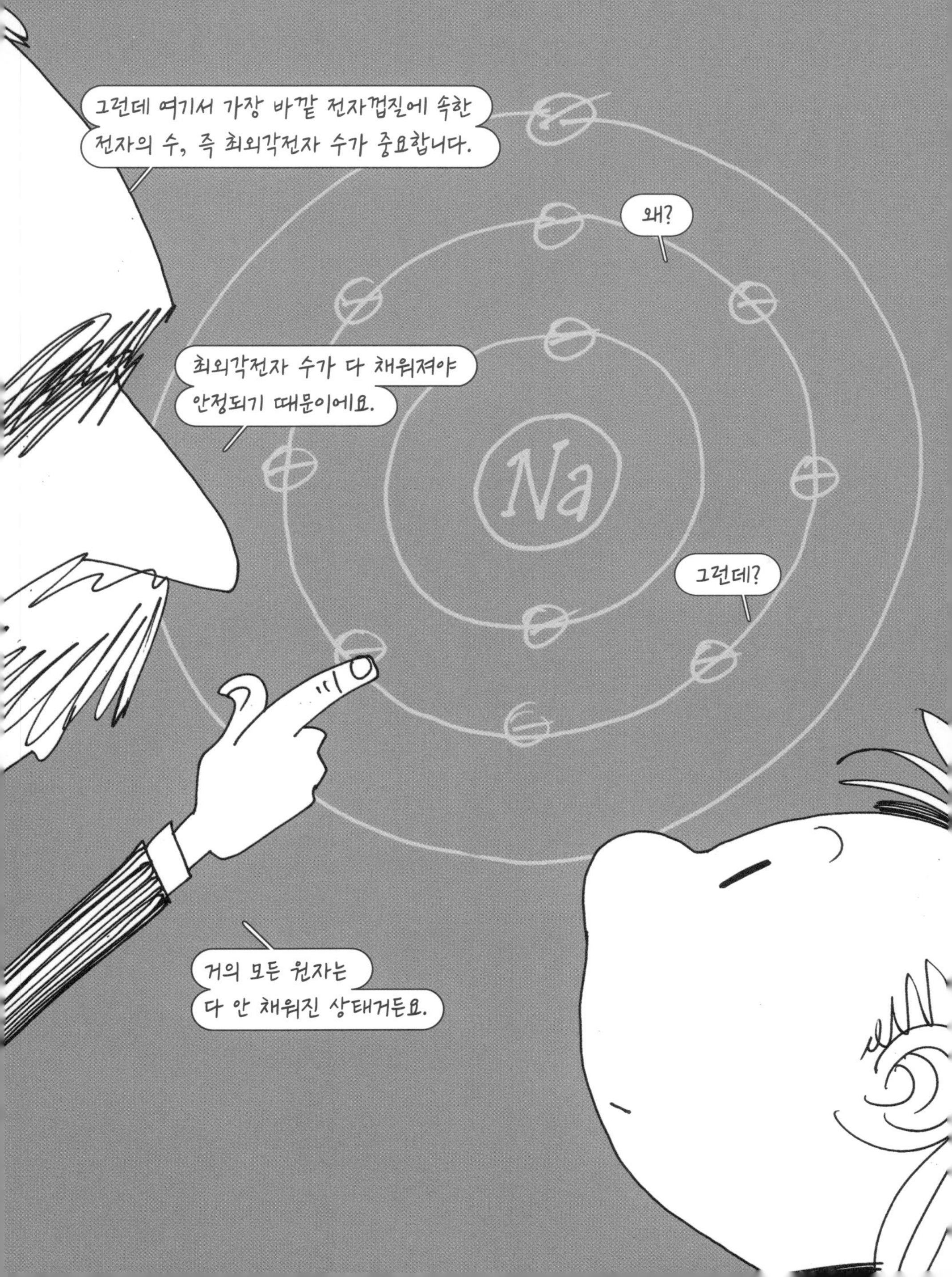
그런데 여기서 가장 바깥 전자껍질에 속한 전자의 수, 즉 최외각전자 수가 중요합니다.
왜?
최외각전자 수가 다 채워져야 안정되기 때문이에요.
Na
그런데?
거의 모든 원자는 다 안 채워진 상태거든요.

주기율표의 18족을 제외한 원소들의 원자는

최외각전자 수가 여덟 개가 안 됩니다.

그럼 채우면 되지.
Na
반대로 버려도 되죠.
Na+

원자들은 채워진 전자껍질을 만들기 위해 이동하는 전자 수를 최소화하려는 경향이 있습니다.

일 너무 크게 벌이지 말자고.
되도록이면 적게 옮겨야지.
많이 몰려다니면 피곤해.

그래서 전자를 내주려고 하는 원자들이 있는가 하면 받아들이길 선호하는 원자들도 있습니다.

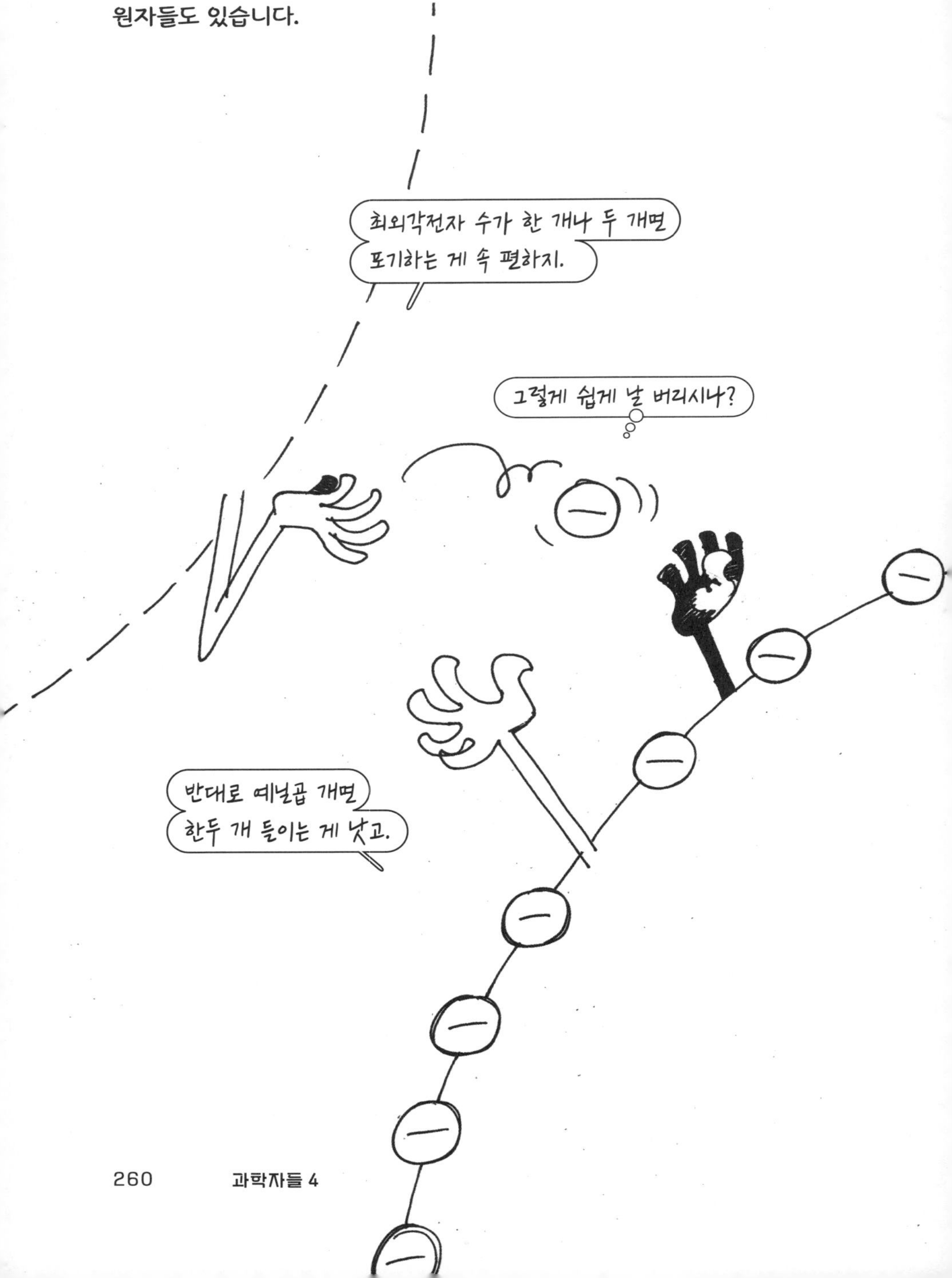
최외각전자 수가 한 개나 두 개면
포기하는 게 속 편하지.
그렇게 쉽게 날 버리시나?
반대로 예닐곱 개면
한두 개 들이는 게 낫고.

주기율표의 왼쪽에 있는 원소들은 전자를 내주려는 경향,
오른쪽 원소들은 받아들이려는 경향이 있죠.

예를 들까요? 왼쪽 1족의 나트륨, 오른쪽 17족의 염소.
최외각전자 수가 한 개인 애와 일곱 개인 애?
딱 봤을 때, 얘들이 안정되려면 어떻게 하는 게 효율적일까요?
Na
Cl
얘는 미련 없이 하나 버리고, 쟤는 하나 챙기고.

그렇게 해서 최외각전자 수를 다 채운 화학종*을 이온이라고 부릅니다.

* **화학종**
물질을 이루는 단위인 원자, 분자, 이온 등을 이르는 말.

전자 하나 버린 나트륨 이온.
Na^+
전자 하나 얻은 염화 이온.
Cl^-

원자가 이온이 되면 자연히 전기적 성질을 띠게 되겠죠?

Cl⁻
⊕ 17
⊖ 18
양성자 수와 전자 수가 달라지니까?
맞아요. 일종의 대전된 원자죠.
나트륨 이온은 양전하,
염화 이온은 음전하.

양전하와 음전하로 전기적 성질을 띤 두 이온은 이제 서로에게 끌리는 일만 남았습니다. 그렇게 짝을 찾는 결합을 일컬어 '이온결합'이라고 합니다.

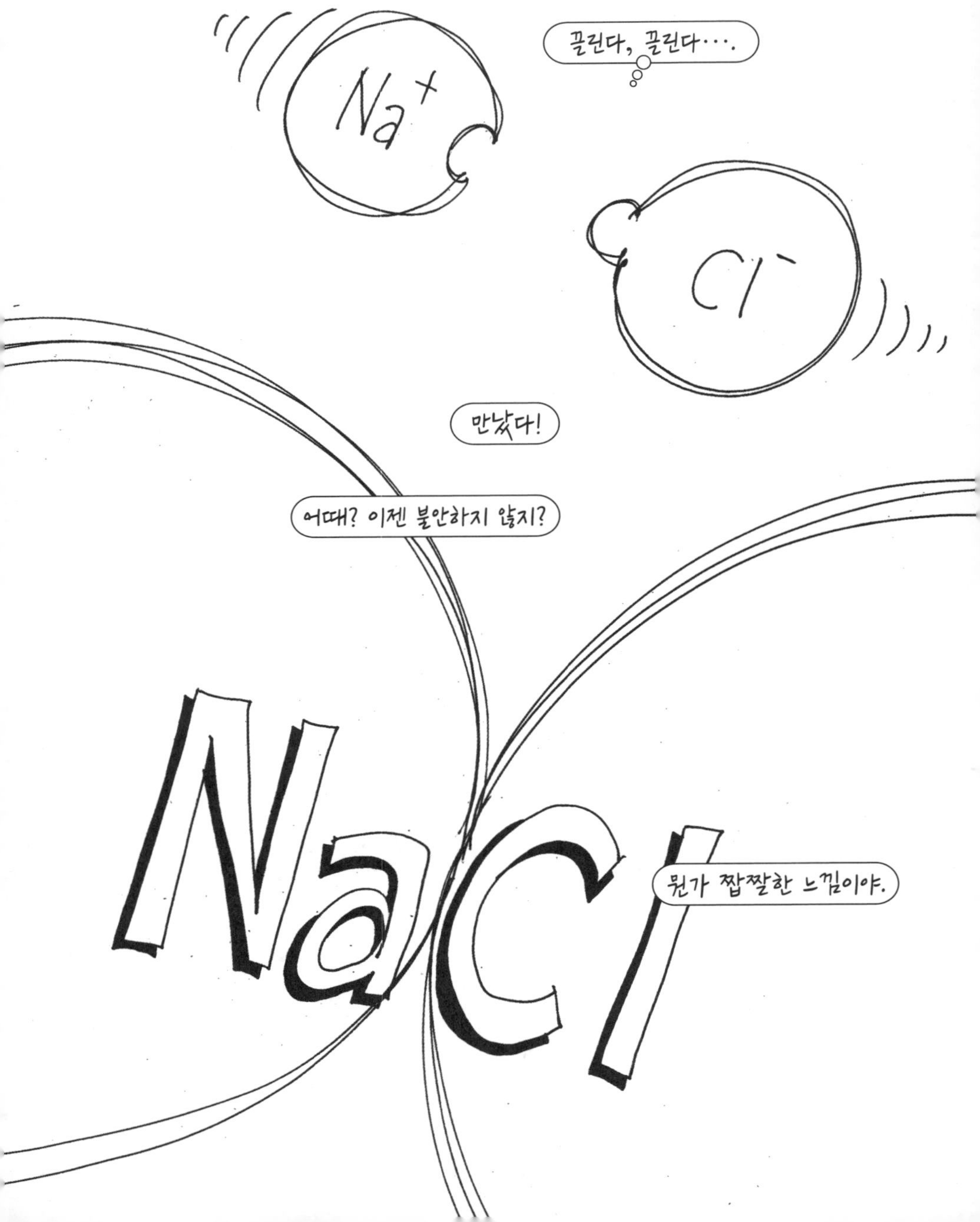

Na^+
끌린다, 끌린다….
Cl^-
만났다!
어때? 이젠 불안하지 않지?
NaCl
뭔가 짭짤한 느낌이야.

이온결합으로 뭉친 화합물은 밀도가 높고 규칙적인 이온결정을 만듭니다.

염화나트륨(NaCl)을
자세히 확대해서 보세요.
작은 정육면체들이 빼곡하네.
그게 정말 보여요???

이온결합은 결합력이 강해서 깨뜨리려면 많은 에너지가 필요합니다.

NaCl
그래서 녹는점이 높아요.
얼마나 높은데?
소금은 801°C에서 녹아요.

과학자들이 이온결합 같은 화학결합의 원리를 밝히기 시작한 건 19세기부터입니다.

Jöns Jacob Berzelius
1819년 스웨덴의 옌스 야코브
베르셀리우스는 이렇게 생각했어요.
+
−
화합물은 반대 전하를 띠는 원소들 간에
작용하는 정전기적 인력에 의해 만들어진다.
전하를 띠는 이유나
증거는 찾았어?
이담에 후배들이 찾아줄 거요.

전자기학의 위대한 선구자 패러데이도 물질의 전기적 상태에 관심을 가졌고,

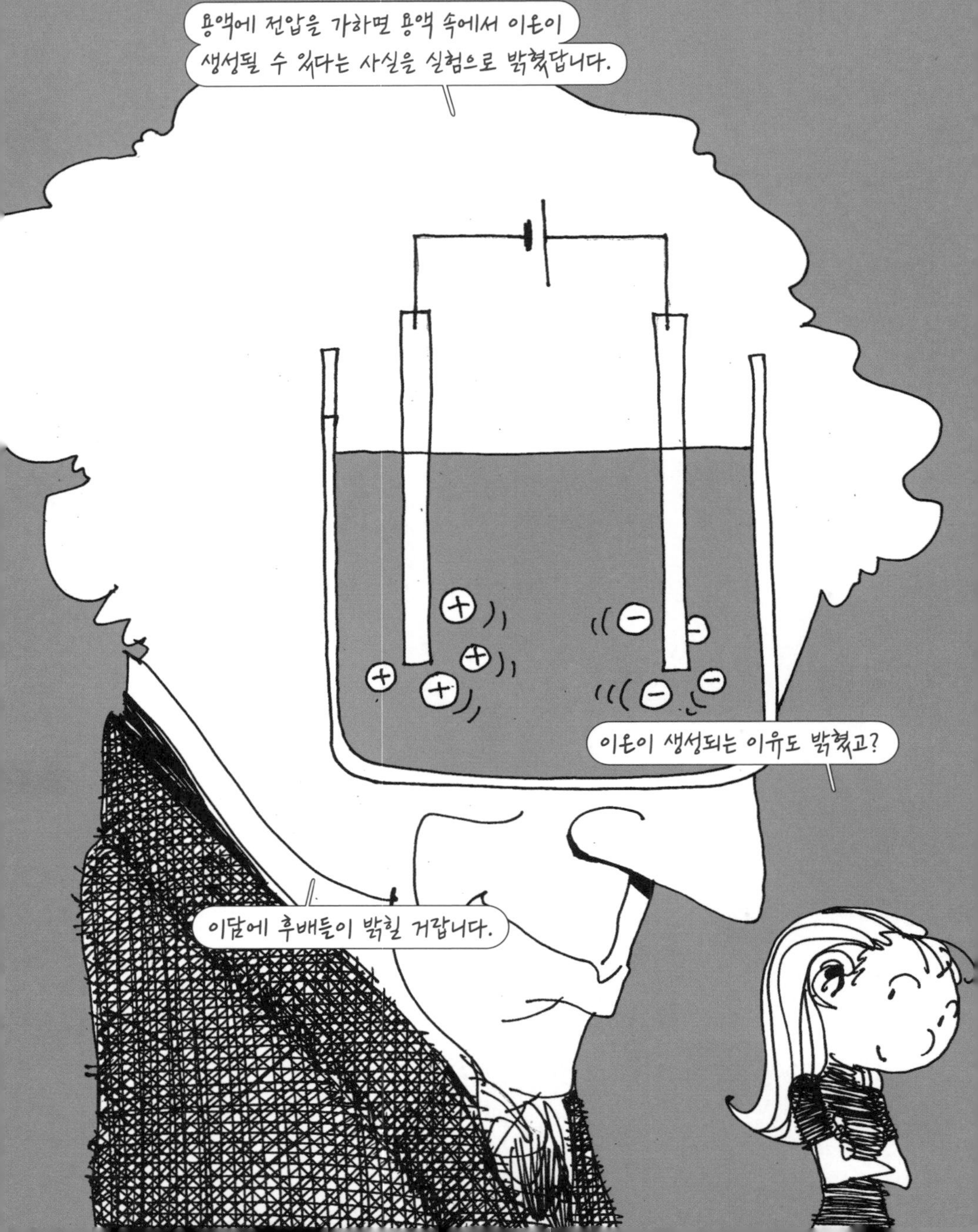
용액에 전압을 가하면 용액 속에서 이온이
생성될 수 있다는 사실을 실험으로 밝혔답니다.
이온이 생성되는 이유도 밝혔고?
이담에 후배들이 밝힐 거랍니다.

스반테 아레니우스는 베르셀리우스와 패러데이의 이론에서 한걸음 더 나아갔죠.

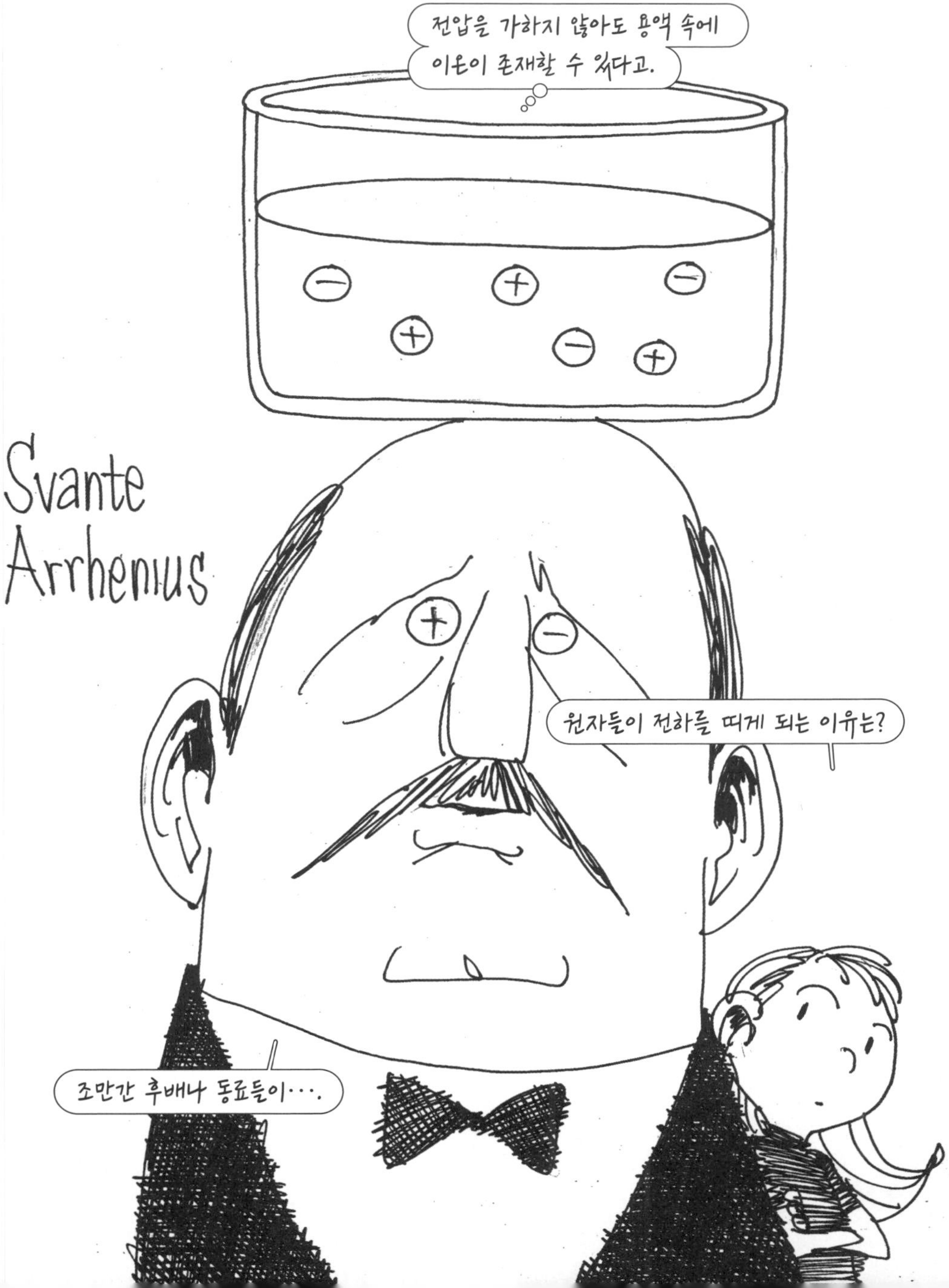
전압을 가하지 않아도 용액 속에
이온이 존재할 수 있다고.
Svante Arrhenius
원자들이 전하를 띠게 되는 이유는?
조만간 후배나 동료들이….

최외각전자 수와 관련지어 결정타를 날린 것은 발터 코셀과 길버트 뉴턴 루이스의 업적이었습니다.

Walther Kossel
나는 미국에서.
나는 독일에서.
댁은 몇 년도에?
1916년에.
나도 1916년에.
Gilbert Newton Lewis
누가 들으면 서로 짠 줄 알겠네.

코셀은 보어의 원자모형을 이용해 비활성기체들이 안정된 상태를 유지하는 비결을 설명했습니다.

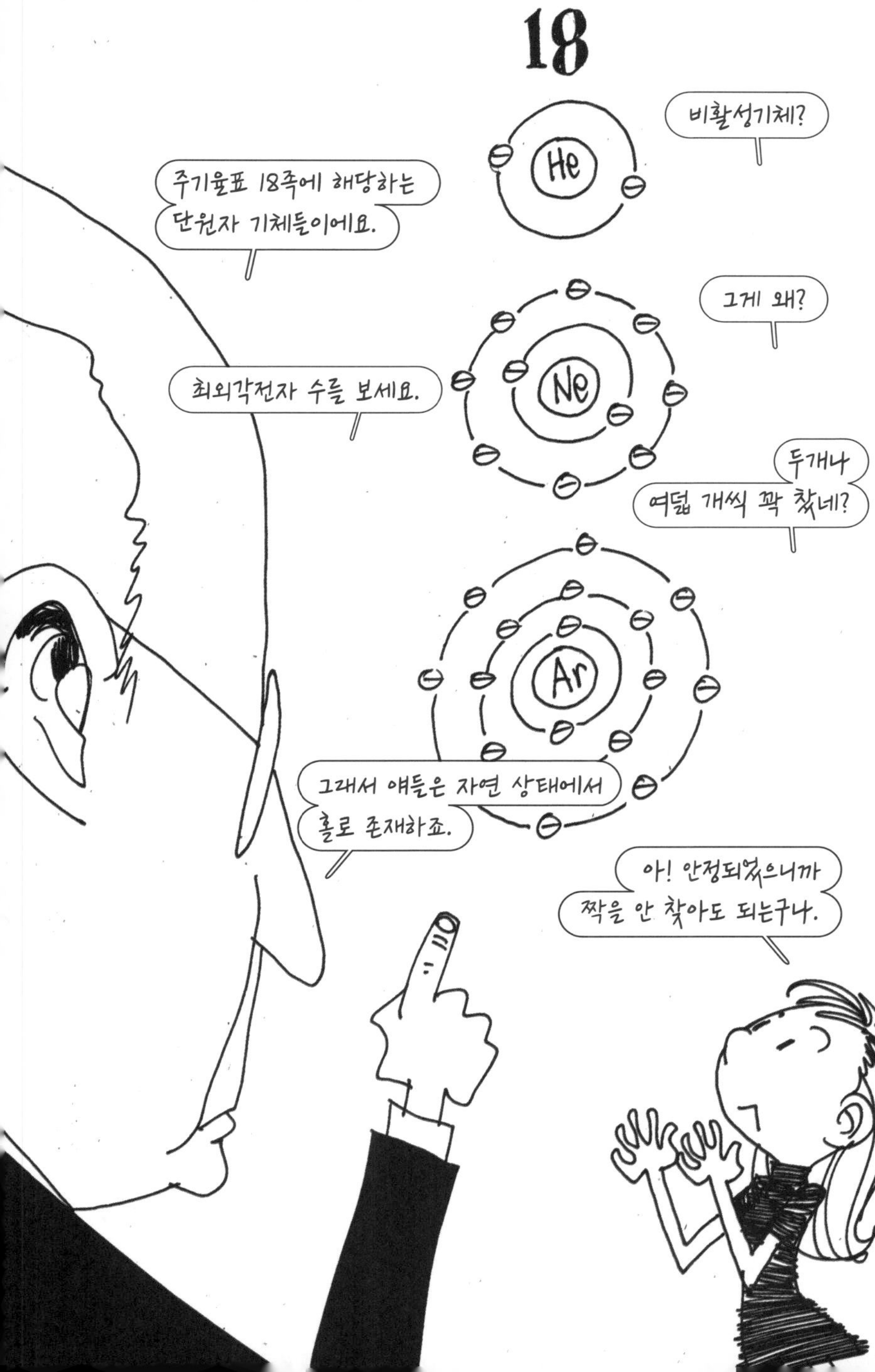
18
He
Ne
Ar
비활성기체?
주기율표 18족에 해당하는 단원자 기체들이에요.
그게 왜?
최외각전자 수를 보세요.
두개나 여덟 개씩 딱 찼네?
그래서 얘들은 자연 상태에서 홀로 존재하죠.
아! 안정되었으니까 짝을 안 찾아도 되는구나.

루이스는 원자가 전하를 띤 이온을 형성하는 이유를 옥텟 규칙(octet rule)으로 설명했습니다.

원자는 구조상 가장 바깥 껍질에 여덟 개의 전자를 가지려는 경향이 있죠.
옥텟 규칙은 뭔데?
방금 얘기했잖아요?
그러니까 옥텟이 뭐냐고?
라틴어로 옥타(octa)가 8이잖아요?
내가 라틴어를 어떻게 아냐고?

그런데 이온결합을 밝혔다고 해서 모든 화학결합의 문제가 풀린 건 아니었습니다.

H
H
O
O
맞아! 수소 H₂는? 산소 O₂는?
전기적으로 같은 전하들인데 뭉쳤잖아?
오!
물도 그래. 얘들은 어떻게 뭉친 거야?
오오! 직관이 뛰어나네요.

화학결합에는 이온결합만 있는 게 아니니까요.

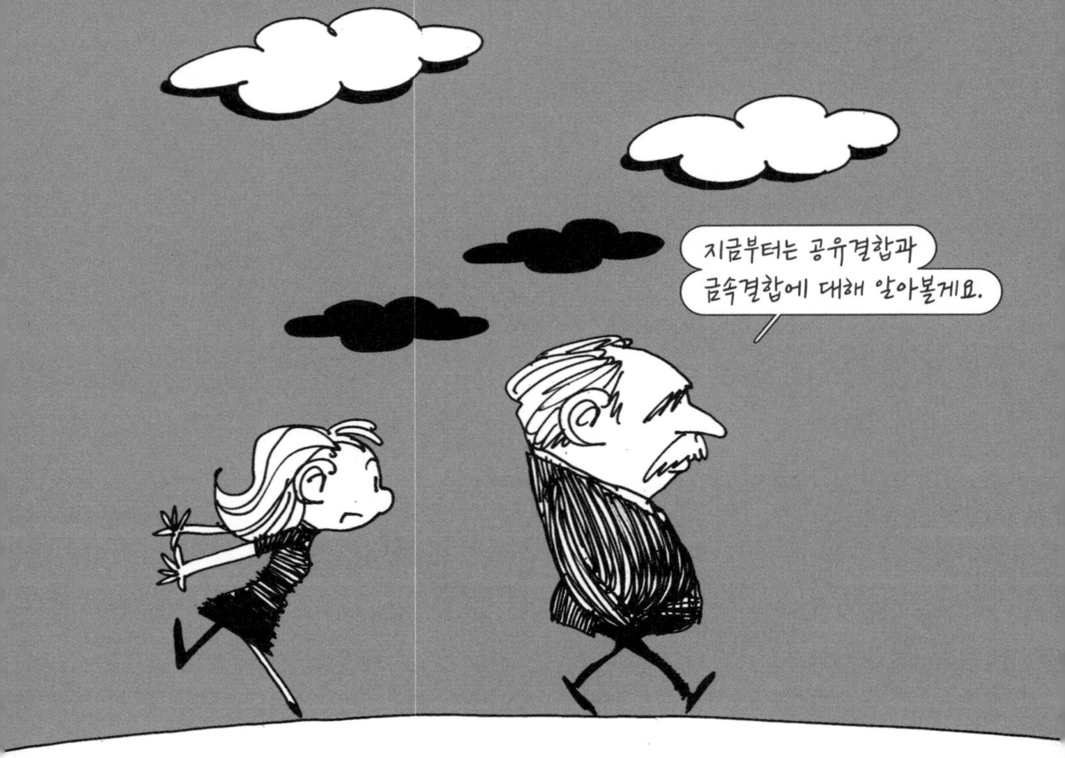
지금부터는 공유결합과
금속결합에 대해 알아볼게요.

09

공유결합

길버트 뉴턴 루이스

Gilbert Newton Lewis (1875~1946)

미국의 물리화학자. 옥텟 규칙과 전자쌍 결합 이론 등의 개념을 화학 결합에 도입하며, 전자를 공유한다는 공유결합 개념을 발표했다. 또한 열역학의 기초를 마련했다.

주기율표에서 족(Group)은 해당 원자가 갖는
제일 바깥 껍질의 전자 개수를 나타냅니다.
대부분의 원자는 가장 바깥 껍질의
최외각전자 수가 8개가 될 때 안정됩니다.
이러한 화학 규칙을 '옥텟 규칙'이라고 합니다.
옥텟 규칙을 발견한 미국의 물리학자 길버트 뉴턴 루이스는
1916년 전자를 공유하는 '공유결합'을 통해
원자 간 결합을 설명했습니다.

원자가 최외각전자 수 여덟 개(첫 번째 전자껍질에는 두 개)를 채워서 안정된 상태가 되려는 경향을 옥텟 규칙이라고 했죠.

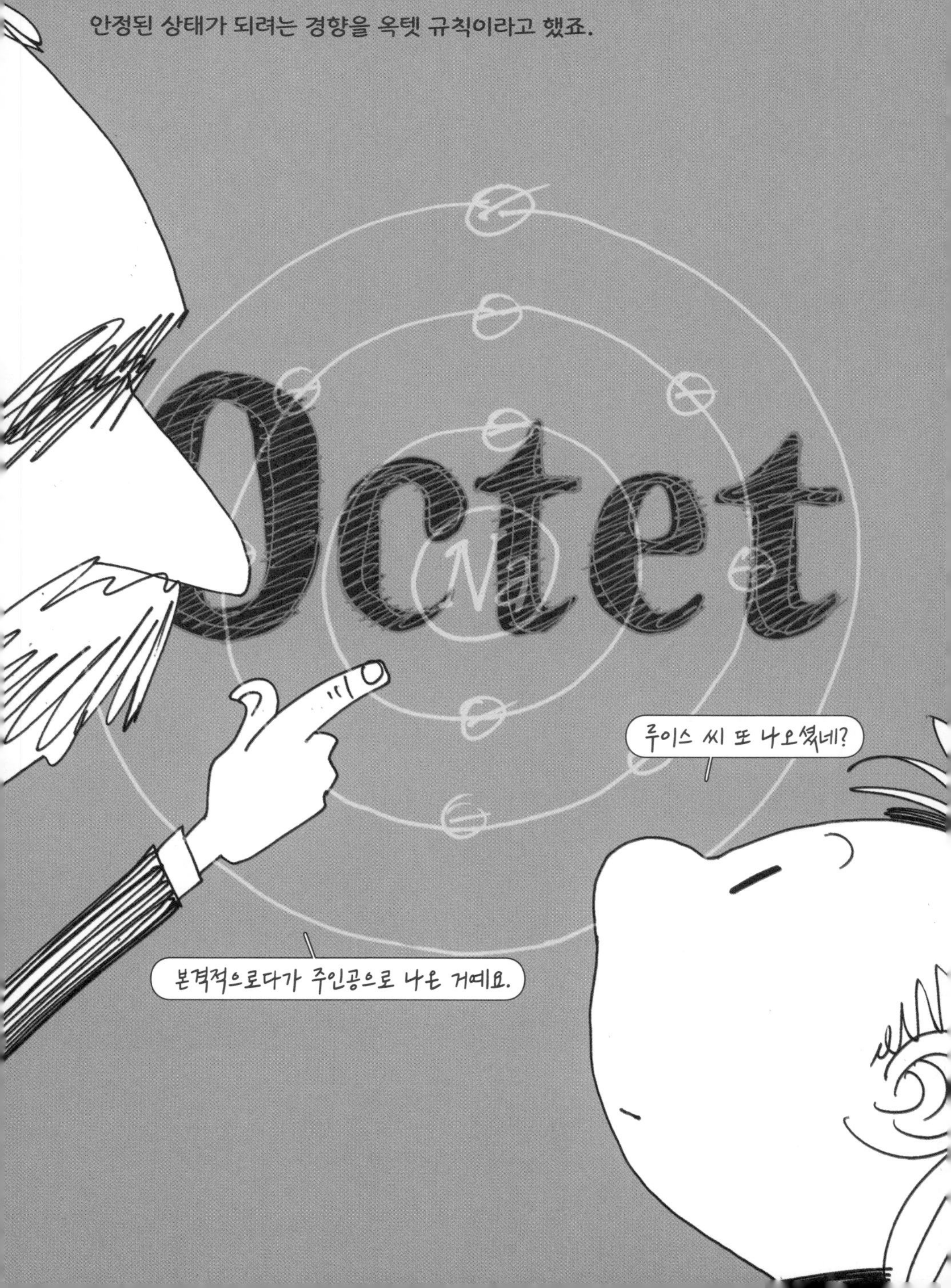
Octet
루이스 씨 또 나오셨네?
본격적으로다가 주인공으로 나온 거예요.

그 원리로 과학자들은 화학결합의 한 가지 문제를 해결했지만
남은 과제가 있었습니다.

그런데 얘들은 어떻게 만난 거지?
그러게?

옥텟 규칙이 적용되는 화학결합에 이온결합만 있는 것이 아니기 때문이었죠.
얘들의 만남은 이온결합으로 설명이 안 돼.
그저 낭만적인 만남 아닐까?
과학은 그러면 안 돼.
왜?
논문이 문학이 돼.

산소의 경우 주기율표 16족에 해당하니까 옥텟 규칙을 따른다면 어떻게 될까요?

전자 두 개를 받아들여
산화 이온으로 안정되지.
잘 배웠네요?
노벨 화학상에 도전할 거거든.
자꾸 노벨상 얘기 하지 마세요.

그런데 같은 산화 이온끼리는 전기적으로 끌리지 않습니다.

우린 안 돼.
왜 안 된다는 거야?
전기적으로 궁합이 안 맞아.
뭔 소리야?
O^{2-}
O^{2-}
음양의 이치가 그래.

그런데도 산소 원자 두 개는 결합해서 산소 기체를 만든단 말이죠.

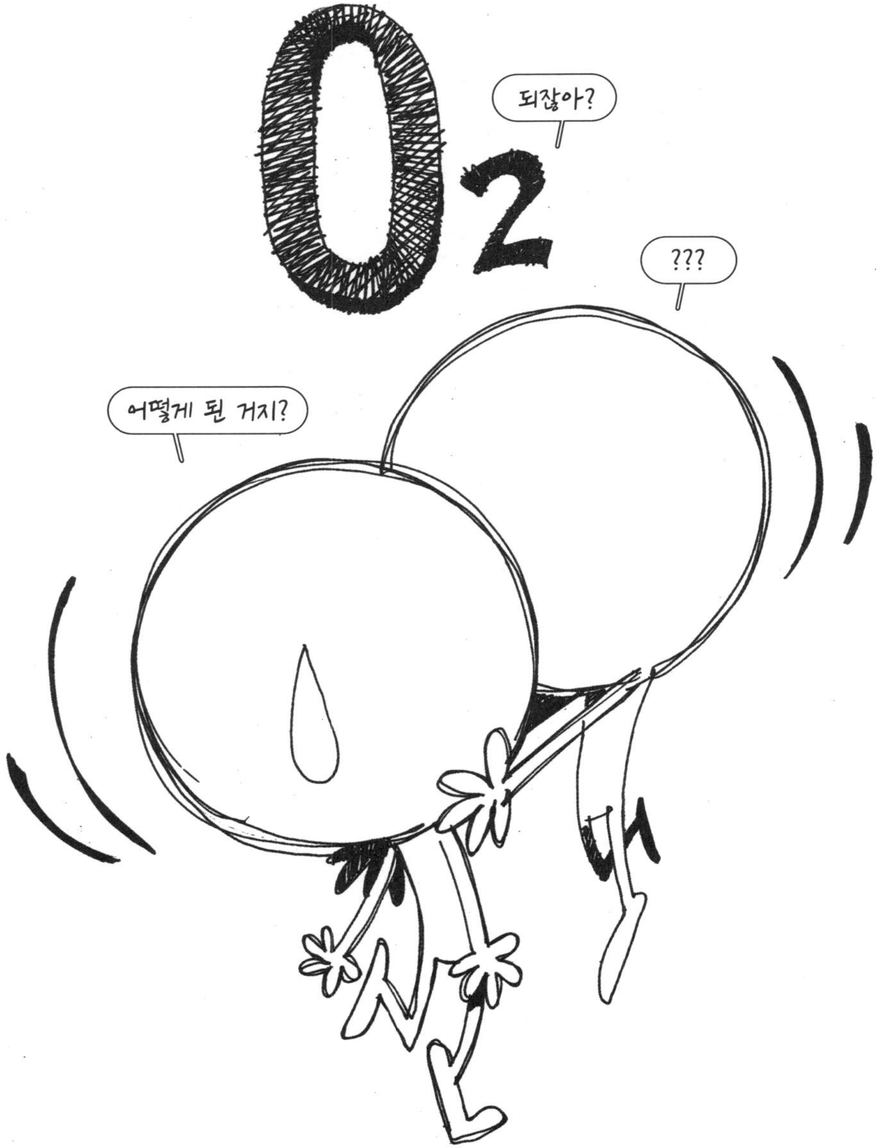
O_2
되잖아?
???
어떻게 된 거지?

이 문제 역시 옥텟 규칙을 제안한 과학자 길버트 뉴턴 루이스가 해결했습니다.

나 말고 누가 하겠어요?
어떻게 된 건데?
전자를 나눠 쓰는 거예요.

해답은 전자를 공유하는 방식, 이른바 공유결합이죠.

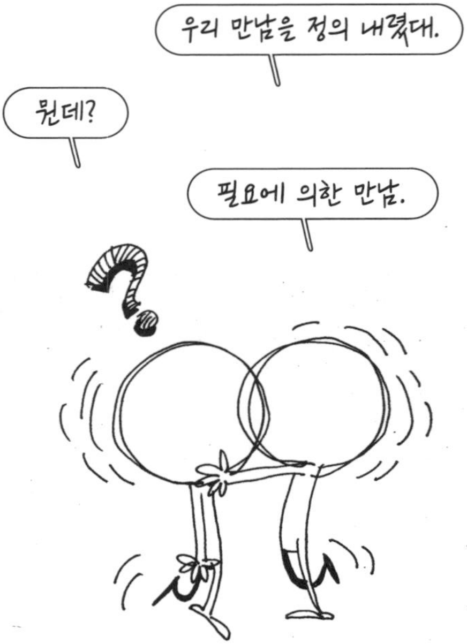
우리 만남은 정의 내렸대.
뭔데?
필요에 의한 만남.

최외각전자가 여섯 개인 산소 원자는 전자 두 개만 더 있으면 안정되겠죠? 홀로 있을 땐 전자가 모자라지만 뭉쳐서 함께 공유하면 해결됩니다.

피차일반.
네 걸 나한테 줘.
붙어살자고?
너 두 개 필요하지?
네 거 나한테 주면 안 돼?
그럼 공동소유 어때?

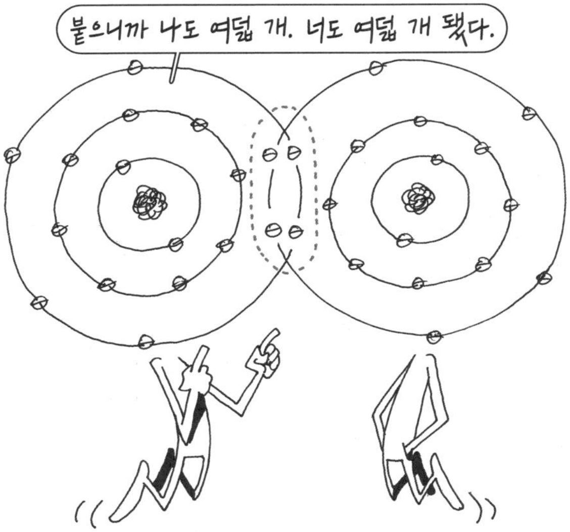

붙으니까 나도 여덟 개. 너도 여덟 개 됐다.

공유결합은 기체부터 유기화합물에 이르기까지

수많은 화학결합을 잘 설명해 줍니다.

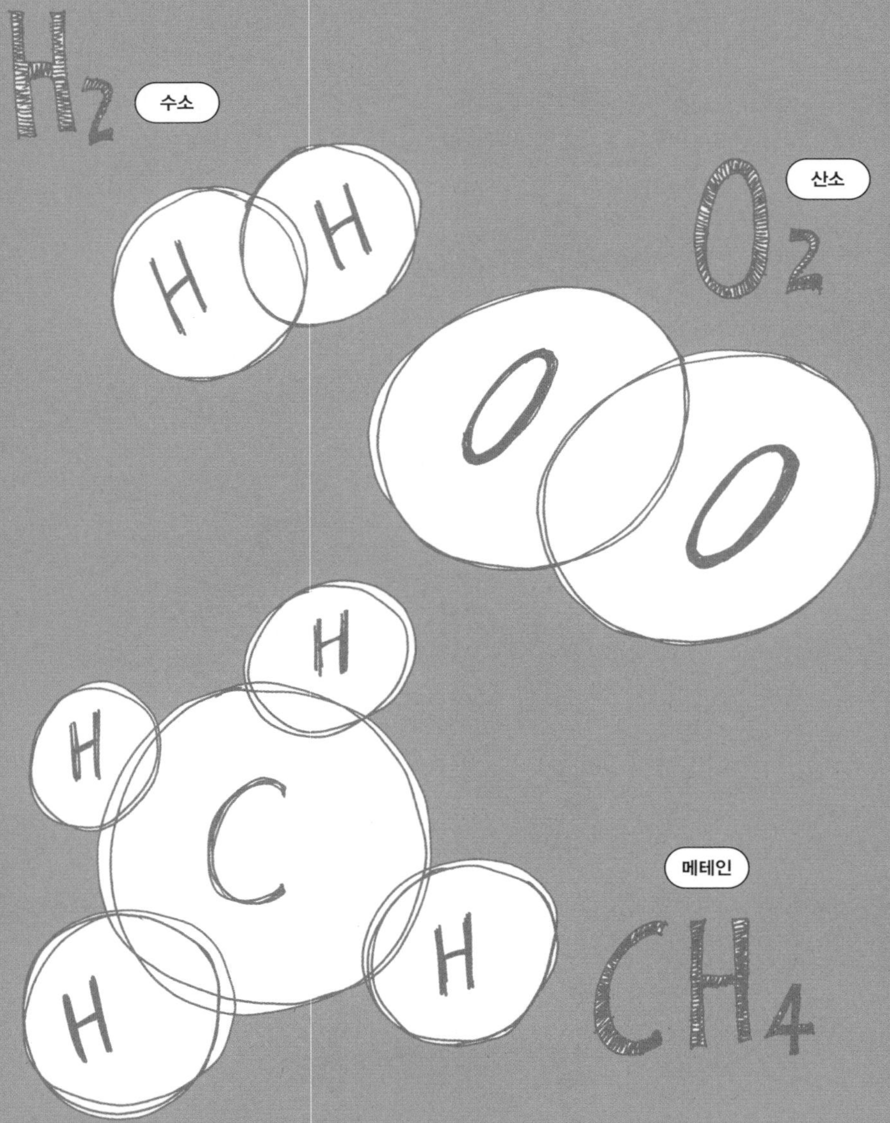

루이스는 공유결합 개념을 1916년에 발표했습니다.

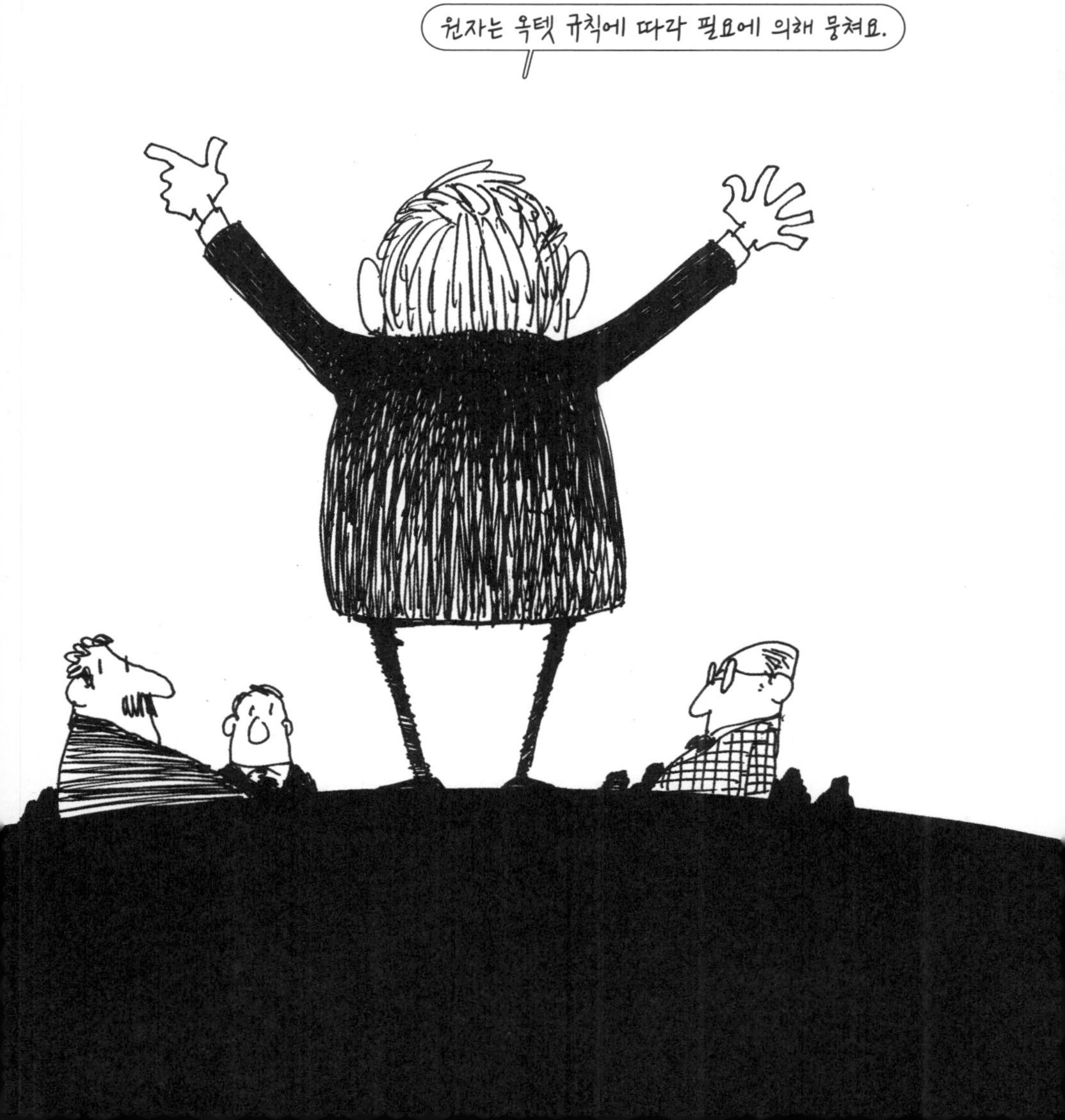
원자는 옥텟 규칙에 따라 필요에 의해 뭉쳐요.

하지만 이 놀라운 발견에 당시 과학계의 반응은 싸늘했습니다.

논문 봤어? 전자를 공유한대.
누가 그래?
루이스가.
루이스? 과학적 인간관계 부족한 그 루이스?

잠깐 루이스 얘길 할까요? 그는 미국의 매사추세츠주에서 태어났습니다.

어렸을 때 홈스쿨링 했어요.
언제까지?
열네 살 때까지.

그는 공유결합 전자쌍 모델뿐 아니라 열역학, 산 염기 이론, 중수소화합물 연구 등 많은 업적을 남겼으며,

지금도 화학 교과서에 루이스 구조식이 나오죠.
H
H:C:H
H
H
H—C—H
H
:O=O:
O
H H
아! 이 방법을 만든 사람이 아저씨였구나.

재직했던 UC버클리 화학대학을 세계적인 반열에 올려놓았을 정도로 위대한 화학자였습니다.

제자들 중에 노벨상 받은 사람도 많아요.
정작 아저씨는?
노벨상 얘기 하지 말라니까요.
먼저 했잖아?

하지만 그는 자신의 지도 교수를 포함한 선배 동료들과의 관계가 원만하지 못했죠.

뒤끝 작렬 주이스다.
상대방이 자기를 인정 안 하면
계속 묵은 감정을 풀지 않는대.
언제까지?
상대방도 앙심 품을 때까지.

사정이 그러하니 공유결합 이론을 발표했을 때도 아마 우호적인 과학자는 별로 없었을 겁니다.

과학에 감정이 섞여?
의외로 과학 역사엔 그런 경우 많아요.
과학자들이 뭐 그래?
과학자들도 사람이에요.

그런데 논문이 발표된 지 3년이 지났을 때 그걸 눈여겨본 사람이 있었습니다.

앗! 대단한 논문이다!
Irving Langmuir
제너럴일렉트릭 전기 회사에서 근무하던 어빙 랭뮤어라는 과학자였죠.
어떻게 눈여겨봤는데?
내 논문이 가져다줄 자기의 미래를 내다봤죠.

랭뮤어는 사교성이 좋고 수완이 뛰어난 인물이었습니다.

사장님, 회사 일보다 저한테 훨씬 더 의미 있는 걸 찾았습니다. 하하하.
어느 날 느닷없이 회사를 관둘지도 모른다는 건가? 허허허.
바로 그겁니다. 하하하.
난데없긴 하지만 워낙 성격 좋은 자네니까 뭔가 좋은 이유가 있겠지? 허허허.

그는 루이스의 이론을 조금 발전시킨 원자가결합이론을 널리 알리기 시작했죠.

랭뮤어 강의 들어봤냐? 정말 잘하더라.
귀에 쏙쏙 들어오던데.
기본은 루이스 논문인데 강의는 딴판이야.
사람이 좋으니까 논문도 달라져.

특유의 언변과 친화력을 앞세운 강의 덕분에 루이스의 이론마저 큰 호응을 얻게 되었습니다.

랭뮤어 씨 덕 본 셈인가?
처음엔 나도 묵혀 있던 내 이론이 주목을 끌게 되어 기뻤지요.

그러나 차츰 자신보다 랭뮤어가 더 조명을 받게 되는 상황이 못마땅했고 불만은 쌓여갔습니다.

강사님, 이 친근한 강의 이론 제목은 지어야죠?
루이스-랭뮤어 원자가 이론 어때요? 하하하!
그냥 랭뮤어 원자가 이론이라고 하세요. 호호호!
인간도 과학도 다 싫어진다.

과학계에서 대인 관계는 갈수록 악화되고 루이스는 고립되어 갔습니다.
40여 차례나 노벨상 수상 후보에 올랐지만 한 번도 수상하지 못한 반면,
제자들이 줄줄이 노벨상을 거머쥐고 심지어 랭뮤어마저 수상하는 걸 지켜보다가
어느 날 연구실에서 쓸쓸히 생을 마감했습니다.

노벨상도 점점 멀어졌겠네.
노벨상 얘기 싫어할 만했네?

비운의 과학자였지만 그의 공로로 이룩된 화학결합의 원리는 지금도 알차게 활용되고 있습니다.

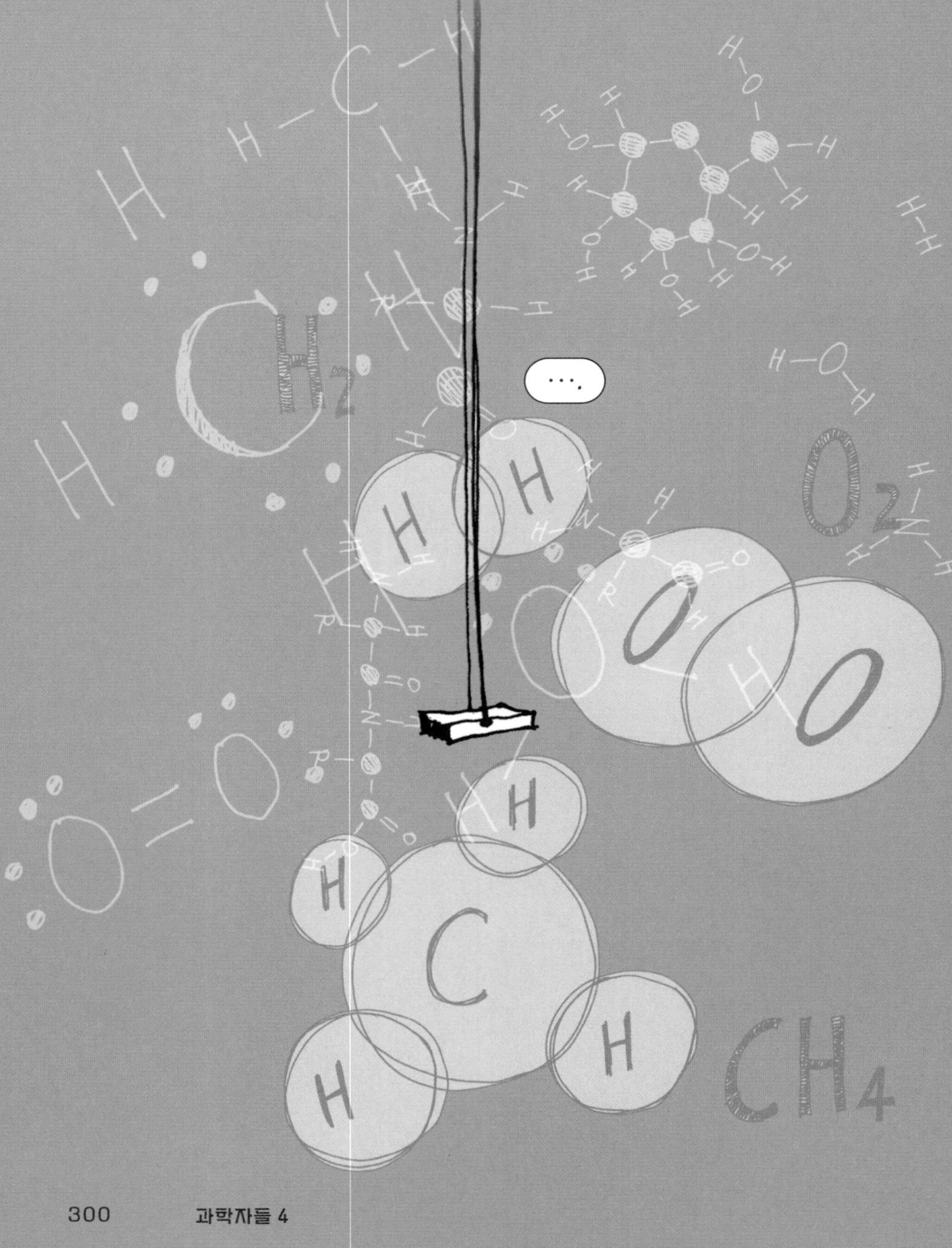

잠깐! 그럼 이온결합과 공유결합을 알았으니 이제 원자들의 결합은 다 해결된 걸까요?

그건 아니에요.
또 있어?
금속결합이란 게 있어요.
그렇게 세 개?
분자결합까지 넘어가면 수소결합에 반데르발스의 힘에….
그럴 줄 알았어. 간단하게 끝나면 화학이 아니지.

금속 원소 원자들이 뭉치는 이유도 전자 때문입니다.

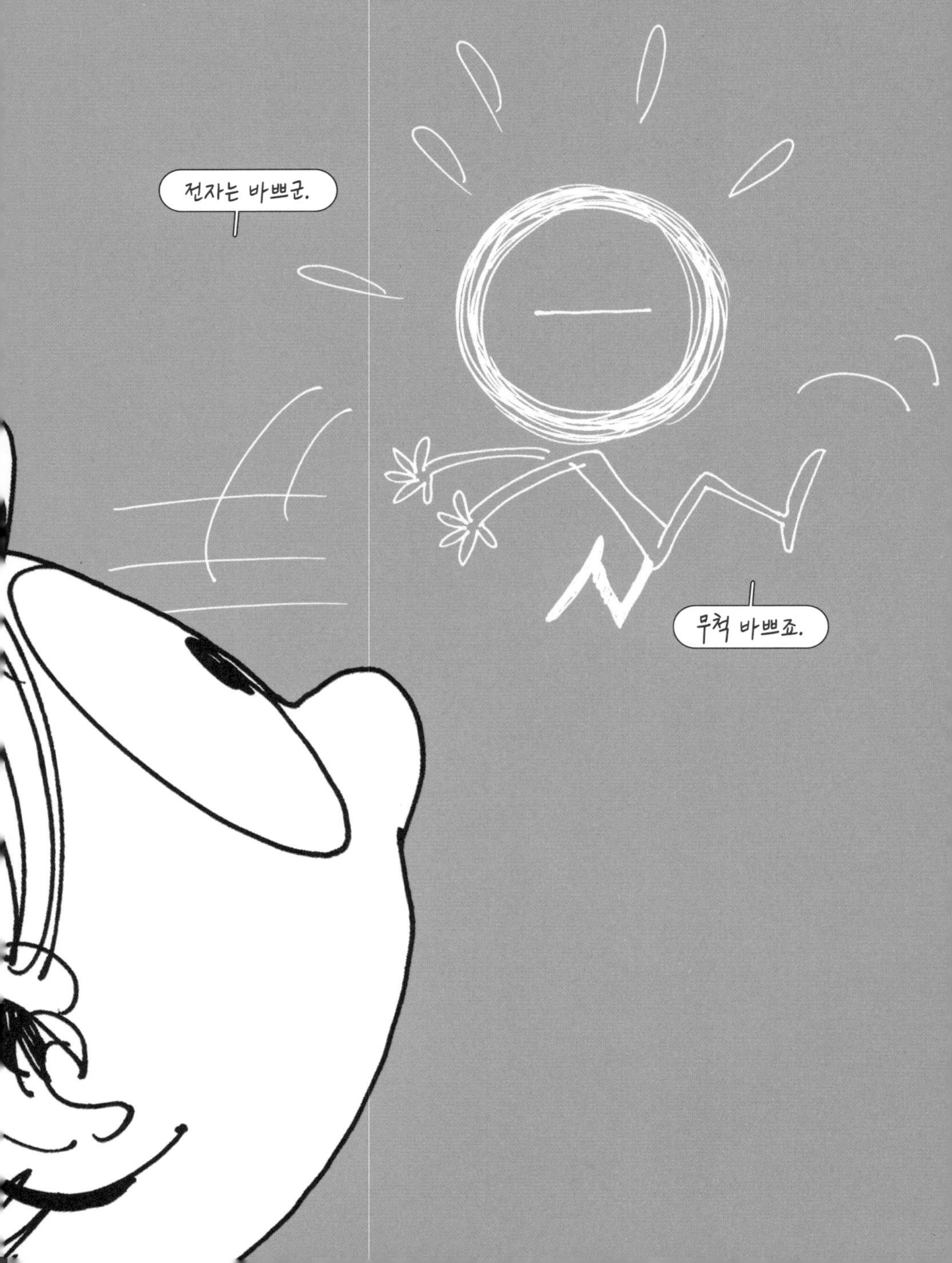
전자는 바쁘군.
무척 바쁘죠.

금속 안에 있는 전자들은 금속 양이온 사이를 자유롭게 돌아다니는 성질이 있습니다.

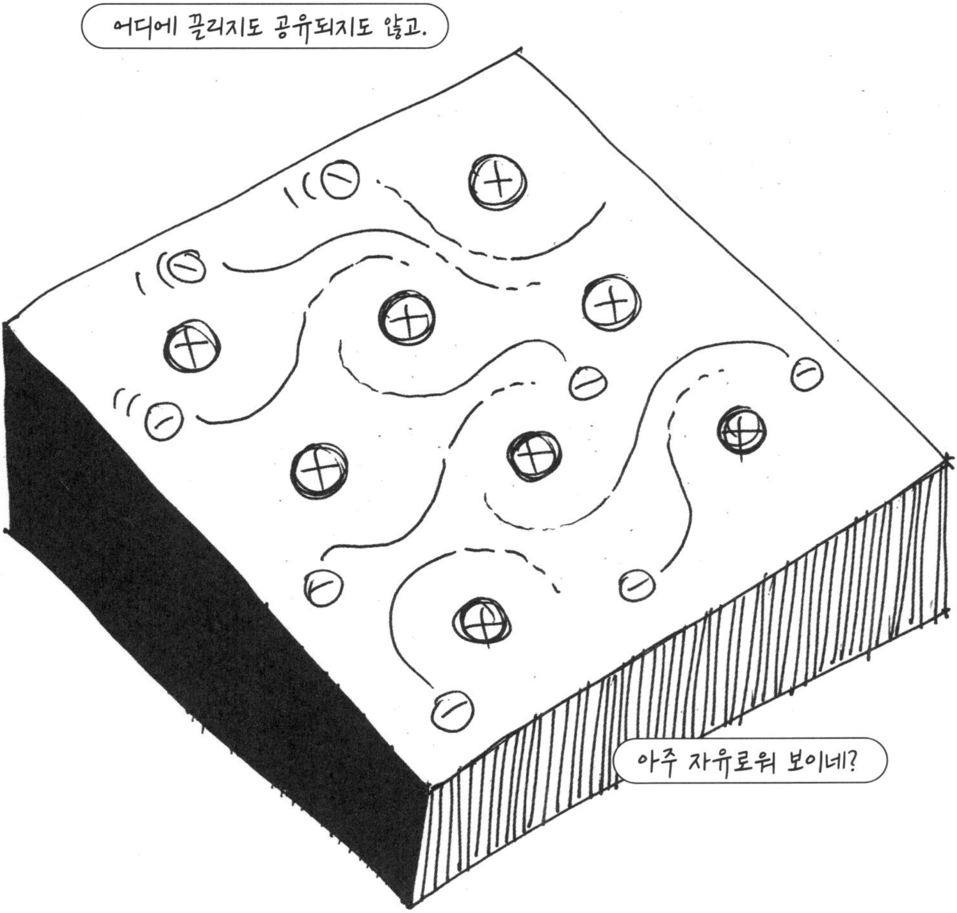
어디에 끌리지도 공유되지도 않고.
아주 자유로워 보이네?

그래서 많은 금속 원소 원자들이 모이면 전자들이 그 주위를 맴돌면서 전자 바다를 만듭니다.

그걸 자유전자라고 부르죠.
달리 뭐라고 부르겠어?

자유전자들이 원자핵을 둘러싸기 때문에 원자핵끼리 반발하지 않고 결합을 유지해서 결정 구조를 만드는 거죠.

원자핵은 전기적으로 양전하지?
그렇겠지? 양성자와 중성자니까.
하지만 전자들이 감싸주니까
흩어지지 않는 거겠지.
전자가 달래주는 일도 하는구나.

금속결합으로 이루어진 금속은 전기가 잘 통합니다.

그리고 힘을 가하면 늘어나거나 비틀리지만 깨지는 경우는 드뭅니다.

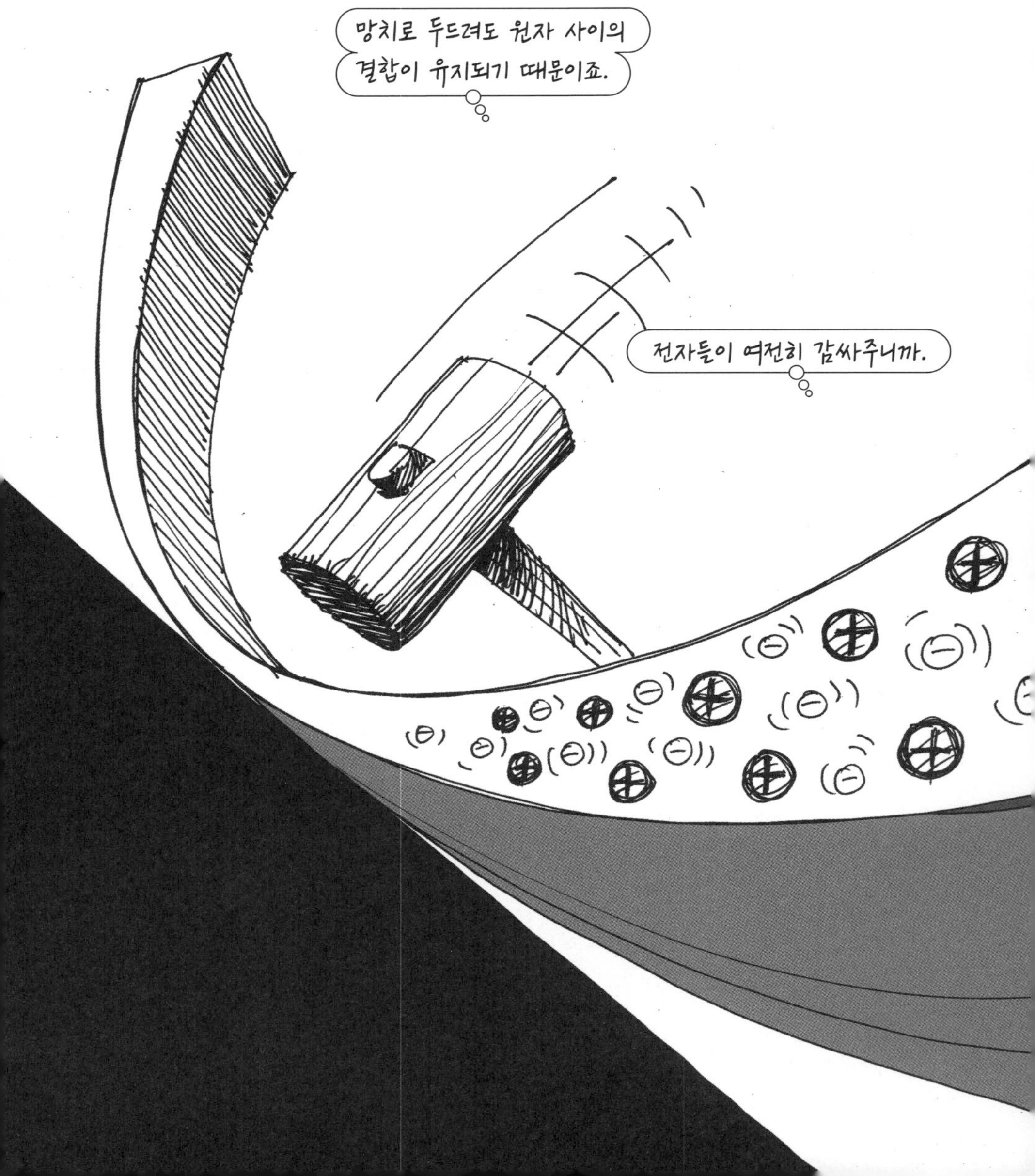
망치로 두드려도 원자 사이의
결합이 유지되기 때문이죠.
전자들이 여전히 감싸주니까.

화학결합은 화합물의 비밀을 푸는 열쇠이자 물질의 상태와 성질을 결정하는 원리입니다.

그런데 난 새삼 한 가지가 궁금해졌어.
뭐지?
전자라는 놈들의 정체.
과학자의 자질이 보이는데?
아무렴.

작가 노트

조등학교에 입학한 아들의 그림 독서록에 어느 날 등장한 해골과 뼈.

통닭을 먹던 중 든 생각이 아무래도 닭보다 사람의 뼈가 더 많을 것 같단다.

사람의 뼈는 대략 400개 정도에서 시작해 성인이 되면 200개 정도 된다고

알고 있지만 닭의 경우는 몰라서 못 가르쳐줬다.

(솔직히 아직도 모른다.)

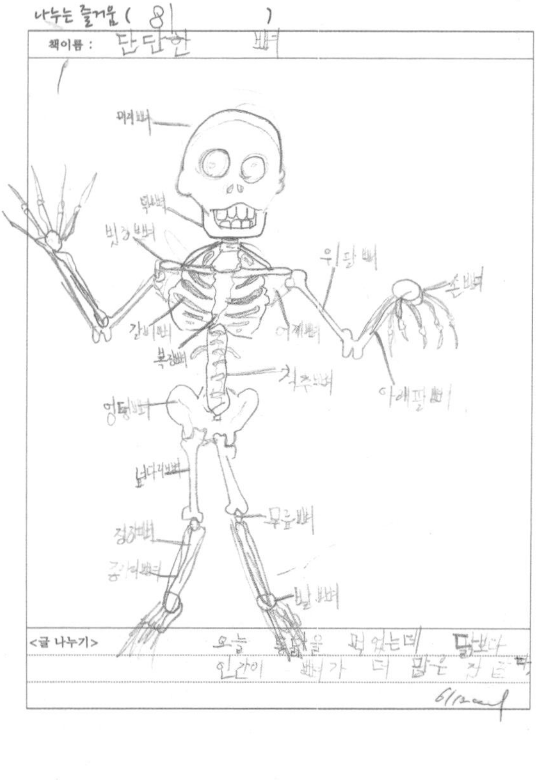

인간vs닭

2017. 6. 9. 아홉 살 율

이 책에 등장한 인물 및 주요 사건

1773~1829
토머스 영
1800년대 초 이중슬릿 실험으로
빛의 간섭 현상 입증

1779~1848
옌스 야코브 베르셀리우스
1819년 화합물이 양음의 전기를
가진 두 성분의 결합에 의한다는
이론을 주장

1781~1848 조지 스티븐슨

1791~1867 마이클 패러데이

1797~1875
찰스 라이엘
1830년 《지질학 원론》 출간

하인리히 렌츠 **1805~1865**

1809~1882
찰스 다윈
1831년 비글호 승선
1859년 《종의 기원》 출간

하인리히 가이슬러 **1814~1879**

1822~1884
그레고어 멘델
1866년 논문 〈식물의 잡종에
관한 실험〉 발표

1822~1895
루이 파스퇴르
1865년 저온 살균법 개발

1825~1898 요한 발머

1829~1896
아우구스트 케쿨레
1865년 벤젠의 구조 발견

1831~1879 제임스 클러크 맥스웰

1832~1919 윌리엄 크룩스

1834~1907
드미트리 멘델레예프
1869년 주기율표 발견

에른스트 마흐 **1838~1916**

토머스 에디슨 **1847~1931**

오이겐 골트슈타인 **1850~1930**

앙리 베크렐 **1852~1908**

1856~1940 조지프 존 톰슨

1857~1894 하인리히 헤르츠

1858~1947 막스 플랑크

1859~1927
스반테 아레니우스
1884년 전해질이 물속에서
이온으로 해리된다는 학설 발표

1875~1946
길버트 뉴턴 루이스
1916년 공유결합의 개념 발표

1879~1955 알베르트 아인슈타인

1885~1962 닐스 보어

이 책에 언급된 문헌들

40쪽	토머스 영, 〈물리광학에 관한 실험과 계산(Experiments and Calculations Relative to Physical Optics)〉, 1804.
46·70·74쪽	찰스 라이엘, 《지질학의 원리(Principles of Geology)》, 1830~1833.
63쪽	제임스 허턴(James Hutton), 《지구 이론(Theory of the Earth)》, 1795.
50쪽	토머스 버닛(Thomas Burnet), 《지구에 관한 신성한 이론(The Sacred Theory of the Earth)》, 1681.
78·84·104·107쪽	찰스 다윈, 《종의 기원: 자연선택의 방법에 따른 종의 기원, 또는 생존경쟁에서 유리한 종족 보전에 대하여(On the Origin of Species by Means of Natural Selection or the Preservation of Favoured Races in the Struggle for Life)》, 1859.
100·101쪽	토머스 맬서스(Thomas Malthus), 《인구론(An Essay on the Principle of Population)》, 1798.
119·143쪽	그레고어 멘델, 〈식물의 잡종에 관한 실험(Experiments in Plant Hybridization)〉, 1866.
198쪽	아우구스트 케쿨레, 〈화합물의 구조와 탄소의 화학적 본성(The Constitution and the Metamers the Chemical Compounds and on the Chemical Nature of the Carbon)〉, 1858.

참고 문헌

- 구인선, 《유기화학》, 녹문당, 2004.
- 김희준 외, 《과학으로 수학보기, 수학으로 과학보기》, 궁리, 2005.
- 낸시 포브스 외, 박찬 외 옮김, 《패러데이와 맥스웰》, 반니, 2015.
- 니콜라 찰턴 외, 강영옥 옮김, 《과학자 갤러리》, 월컴퍼니, 2017.
- 데이비드 린들리, 이덕환 옮김, 《볼츠만의 원자》, 승산, 2003.
- 드니즈 키어넌, 김용현 옮김, 《Science 101 화학》, 이치사이언스, 2010.
- 래리 고닉, 전영택 옮김, 《세상에서 가장 재미있는 미적분》, 궁리, 2012.
- 랜들 먼로, 이지연 옮김, 《위험한 과학책》, 시공사, 2015.
- 루이스 엡스타인, 백윤선 옮김, 《재미있는 물리여행》, 김영사, 1988.
- 리언 레더만, 박병철 옮김, 《신의 입자》, 휴머니스트, 2017.
- 마르흐레이트 데 헤이르, 김성훈 옮김, 《과학이 된 무모한 도전들》, 원더박스, 2014.
- 마이클 패러데이, 박택규 옮김, 《양초 한 자루에 담긴 화학이야기》, 서해문집, 1998.
- 마크 휠리스 글, 래리 고닉 그림, 윤소영 옮김, 《세상에서 가장 재미있는 유전학》, 궁리, 2007.
- 박성래 외, 《과학사》, 전파과학사, 2000.
- 배리 가우어. 박영태 옮김, 《과학의 방법》, 이학사, 2013.
- 배리 파커, 손영운 옮김, 《Science 101 물리학》, 이치사이언스, 2010.
- 벤 보버, 이한음 옮김, 《빛 이야기》, 웅진지식하우스, 2004.
- 브렌다 매독스, 진우기 외 옮김, 《로잘린드 프랭클린과 DNA》, 양문, 2004.
- 사키가와 노리유키, 현종오 외 옮김, 《유기 화합물 이야기》, 아카데미서적, 1998.
- 송성수, 《한권으로 보는 인물과학사》, 북스힐, 2015.

- 아이뉴턴 편집부 엮음,《완전 도해 주기율표》, 아이뉴턴, 2017.
- 아트 후프만 글, 래리 고닉 그림, 전영택 옮김,《세상에서 가장 재미있는 물리학》, 궁리, 2007.
- 알프레드 노스 화이트헤드, 오영환 옮김,《과학과 근대세계》, 서광사, 2008.
- 애덤 하트데이비스, 강윤재 옮김.《사이언스》, 북하우스, 2010.
- 애덤 하트데이비스 외, 박유진 외 옮김,《과학의 책》, 지식갤러리, 2014.
- 이정임,《인류사를 바꾼 100대 과학사건》, 학민사, 2011.
- 정재승,《정재승의 과학 콘서트》, 어크로스, 2003.
- 제임스 D. 왓슨, 하두봉 옮김,《이중나선》, 전파과학사, 2000.
- 조지 오초아, 백승용 옮김,《Science 101 생물학》, 이치사이언스, 2010.
- 존 M. 헨쇼, 이재경 옮김,《세상의 모든 공식》, 반니, 2015.
- 존 그리빈, 김동광 옮김,《거의 모든 사람들을 위한 과학》, 한길사, 2004.
- 존 헨리, 노태복 옮김,《서양과학사상사》, 책과함께, 2013.
- 칼 세이건, 홍승수 옮김,《코스모스》, 사이언스북스, 2006.
- 커트 스테이저, 김학영 옮김,《원자, 인간을 완성하다》, 반니, 2014.
- 크레이그 크리들 글, 래리 고닉 그림, 김희준 외 옮김,《세상에서 가장 재미있는 화학》, 궁리, 2008.
- Transnational College of Lex, 김종오 외 옮김,《양자역학의 모험》, 과학과문화, 2001.
- 프랭크 H. 헤프너, 윤소영 옮김,《판스워스 교수의 생물학 강의》, 도솔, 2004.
- 피트 무어, 이명진 옮김,《관습과 통념을 뒤흔든 50인의 과학 멘토》, 책숲, 2014.
- 홍성욱,《그림으로 보는 과학의 숨은 역사》, 책세상, 2012.

찾아보기

ㄱ

ㄴ

ㄷ

ㅇ

사이언스툰 과학자들 4

1판 1쇄 발행일 2018년 9월 27일
2판 1쇄 발행일 2023년 9월 25일

지은이 김재훈

발행인 김학원
발행처 (주)휴머니스트출판그룹
출판등록 제313-2007-000007호(2007년 1월 5일)
주소 (03991) 서울시 마포구 동교로23길 76(연남동)
전화 02-335-4422 **팩스** 02-334-3427
저자·독자 서비스 humanist@humanistbooks.com
홈페이지 www.humanistbooks.com
유튜브 youtube.com/user/humanistma **포스트** post.naver.com/hmcv
페이스북 facebook.com/hmcv2001 **인스타그램** @humanist_insta

편집주간 황서현 **편집** 박나영 **디자인** 박인규
용지 화인페이퍼 **인쇄** 삼조인쇄 **제본** 해피문화사

ISBN 979-11-7087-051-7 04400
ISBN 979-11-7087-047-0 (세트)